网页美工

——网页创意设计与解析

卢 杰 编著

电子工业出版社

Publishing House of Electronics Industry

北京·BEIJING

内容简介

本书根据教育部颁发的《中等职业学校专业教学标准（试行）信息技术类（第一辑）》中的相关教学内容和要求编写。

本书共5章，系统介绍了网站Logo、导航栏、Banner、内容栏、版尾，网页版式设计原则、版式结构、版式设计方法，网页创意与规划设计，网页配色，网页设计与制作的全过程等内容。

本书是网站建设与管理专业的专业核心课程教材，还可以作为网页设计、制作爱好者的自学用书。

本书配有教学指南、电子教案和案例素材，详见前言。

未经许可，不得以任何方式复制或抄袭本书之部分或全部内容。

版权所有，侵权必究。

图书在版编目（CIP）数据

网页美工：网页创意设计与解析 / 卢杰编著. —北京：电子工业出版社，2016.9

ISBN 978-7-121-24839-9

Ⅰ.①网… Ⅱ.①卢… Ⅲ.①网页制作工具—职业教育—教材 Ⅳ.①TP393.092

中国版本图书馆CIP数据核字（2014）第274905号

策划编辑：杨　波
责任编辑：郝黎明
印　　刷：天津千鹤文化传播有限公司
装　　订：天津千鹤文化传播有限公司
出版发行：电子工业出版社
　　　　　北京市海淀区万寿路173信箱　邮编　100036
开　　本：787×1 092　1/16　印张：13　字数：332.8千字
版　　次：2016年9月第1版
印　　次：2018年11月第3次印刷
定　　价：42.00元

凡所购买电子工业出版社图书有缺损问题，请向购买书店调换。若书店售缺，请与本社发行部联系，联系及邮购电话：（010）88254888，88258888。

质量投诉请发邮件至zlts@phei.com.cn，盗版侵权举报请发邮件至dbqq@phei.com.cn。

本书咨询联系方式：（010）88254617，luomn@phei.com.cn。

编审委员会名单

序 | PROLOGUE

    当今是一个信息技术主宰的时代，以计算机应用为核心的信息技术已经渗透到人类活动的各个领域，彻底改变着人类传统的生产、工作、学习、交往、生活和思维方式。和语言和数学等能力一样，信息技术应用能力也已成为人们必须掌握的、最为重要的基本能力。可以说，信息技术应用能力和计算机相关专业，始终是职业教育培养多样化人才，传承技术技能，促进就业创业的重要载体和主要内容。

    信息技术的发展，特别是数字媒体、互联网、移动通信等技术的普及应用，使信息技术的应用形态和领域都发生了重大的变化。第一，计算机技术的使用扩展至前所未有的程度，桌面电脑和移动终端（智能手机、平板电脑等）的普及，网络和移动通信技术的发展，使信息的获取、呈现与处理无处不在，人类社会生产、生活的诸多领域已无法脱离信息技术的支持而独立进行。第二，信息媒体处理的数字化衍生出新的信息技术应用领域，如数字影像、计算机平面设计、计算机动漫游戏和虚拟现实等。第三，信息技术与其他业务的应用有机地结合，如商业、金融、交通、物流、加工制造、工业设计、广告传媒和影视娱乐等，使之各自形成了独有的生态体系，综合信息处理、数据分析、智能控制、媒体创意和网络传播等日益成为当前信息技术的主要应用领域，并诞生了云计算、物联网、大数据和3D打印等指引未来信息技术应用的发展方向。

    信息技术的不断推陈出新及应用领域的综合化和普及化，直接影响着技术、技能型人才的信息技术能力的培养定位，并引领着职业教育领域信息技术或计算机相关专业与课程改革、配套教材的建设，使之不断推陈出新、与时俱进。

    2009年，教育部颁布了《中等职业学校计算机应用基础大纲》。2014年，教育部在2010年新修订的专业目录基础上，相继颁布了"计算机应用、数字媒体技术应用、计算机平面设计、计算机动漫与游戏制作、计算机网络技术、网站建设与管理、软件与信息服务、客户信息服务、计算机速录"等9个信息技术类相关专业的教学标准，确定了教学实施及核心课程内容的指导意见。本套教材就是以以上大纲和标准为依据，结合当前最新的信息技术发展趋势和企业应用案例组织开发和编写的。

本书的主要特色

● **对计算机专业类相关课程的教学内容进行重新整合**

本套教材面向学生的基础应用能力，设定了系统操作、文档编辑、网络使用、数据分析、媒体处理、信息交互、外设与移动设备应用、系统维护维修、综合业务运用等内容；针对专业应用能力，根据专业和职业能力方向的不同，结合企业的具体应用业务规划了教材内容。

● **以岗位工作过程来确定学习任务和目标，综合提升学生的专业能力、过程能力和职位差异能力**

本套教材通过以工作过程为导向的教学模式和模块化的知识能力整合结构，力求实现产业需求与专业设置、职业标准与课程内容、生产过程与教学过程、职业资格证书与学历证书、终身学习与职业教育的"五对接"。从学习目标到内容的设计上，本套教材不再仅仅是专业理论内容的复制，而是经由职业岗位实践——工作过程与岗位能力分析——技能知识学习应用内化的学习实训导引和案例。借助知识的重组与技能的强化，达到企业岗位情境和教学内容要求相贯通的课程融合目标。

● **以项目教学和任务案例实训为主线**

本套教材通过项目教学，构建了工作业务的完整流程和岗位能力需求体系。项目的确定应遵循三个基本目标：核心能力的熟练程度，技术更新与延伸的再学习能力，不同业务情境应用的适应性。教材借助以校企合作为基础的实训任务，以应用能力为核心、以案例为线索，通过设立情境、任务解析、引导示范、基础练习、难点解析与知识延伸、能力提升训练和总结评价等环节，引领学习者在完成任务的过程中积累技能、学习知识，并迁移到不同业务情境的任务解决过程中，使学习者在未来可以从容面对不同应用场景的工作岗位。

当前，全国职业教育领域都在深入贯彻全国职教工作会议精神，学习领会中央领导对职业教育的重要批示，全力加快推进现代职业教育。国务院出台的《加快发展现代职业教育的决定》明确提出要"形成适应发展需求、产教深度融合、中职高职衔接、职业教育与普通教育相互沟通，体现终身教育理念，具有中国特色、世界水平的现代职业教育体系"。现代职业教育体系的建立将带来人才培养模式、教育教学方式和办学体制机制的巨大变革，这无疑给职业院校信息技术应用人才培养提出了新的目标。计算机类相关专业的教学必须要适应改革，始终把握技术发展和技术技能人才培养的最新动向，坚持产教融合、校企合作、工学结合、知行合一，为培养出更多适应产业升级转型和经济发展的高素质职业人才做出更大贡献！

前言 ┃PREFACE

为建立健全教育质量保障体系，提高职业教育质量，教育部于2014年颁布了中等职业学校专业教学标准（以下简称专业教学标准）。专业教学标准是指导和管理中等职业学校教学工作的主要依据，是保证教育教学质量和人才培养规格的纲领性教学文件。在"教育部办公厅关于公布首批《中等职业学校专业教学标准（试行）》目录的通知"（教职成厅〔2014〕11号文）中，强调"专业教学标准是开展专业教学的基本文件，是明确培养目标和规格、组织实施教学、规范教学管理、加强专业建设、开发教材和学习资源的基本依据，是评估教育教学质量的主要标尺，同时也是社会用人单位选用中等职业学校毕业生的重要参考"。

本书特色

本书根据教育部颁发的《中等职业学校专业教学标准（试行）信息技术类（第一辑）》中的相关教学内容和要求编写。

网页设计是现代艺术设计中具有广泛性和前沿性的新媒体艺术形式之一，它伴随着媒体技术与艺术的发展而发展。一个优秀的网站，在结构设计、导航设计、色彩设计、内容设计等方面都非常严谨。一个网站看上去可能很简单，但可以给人一种吸引力，让浏览者在观赏的同时，不知不觉地记住了企业的相关信息，感受到了企业的文化。从一定意义上来讲，网站代表了一个企业的精神面貌，是企业在网络媒体上的形象。如果网站不能反映企业的形象，反而因粗糙的文字、粗劣的图片及千篇一律的布局而影响企业在读者心目中的形象，则会对企业形象的传播起到反作用。

本书是一本专门针对网页设计的教材，第1章讲述了网站Logo、导航栏、Banner、内容栏、版尾5个方面的内容及所涉及的软件知识，并以案例的形式阐述了按钮的制作方法；第2章讲述了网页版式的设计方法，将网页版式设计原则、版式结构、版式设计方法一一呈现给读者，以静态网页界面设计案例作为补充，其中Webpage Design网页是一个三三式的网页模板，紧紧围绕第1章的5个方面展开，版式简洁，层次分明；第3章讲述了网页创意与规划设计，从发展的角度阐述了网站的项目规划、内容组织及网站建设的必要性，并以"小福屋"案例为主线，从策划、文案、草图、设计等方面一一展开，以静态的形式展现网页的设计理念，因为有了VI部分作为基础，所以"小福屋"的定位非常明确——一个商业网站，"小福屋"的网页设计也是对VI部分的补充；第4章讲述了网页配色的知识，从艺术的角度阐述了色彩及色彩搭配的原则；第5章则以案例的形式讲述网页设计与制作的全过程，包括前期策划书、网站建站目标及功能定位、网站整体风格、网站的结构和内容，涉及Photoshop、Flash、Dreamweaver等软件的综合应用。其中，"小5班"案例设计了两个版本，两种不同的版式体现出不同的网页风格。"小5班"网站是为艺术设计专业的班集体设计的。"小5班"网站的存在目的是伴随着这个集体一起成长、成熟，一起走上社会，面对工作，面对各种专业问题。相对来说，"银时代"是一个商业网站，是实际存在的一个品牌，其品牌历史、品牌文化等资料都很完善，所以"银时代"的网页设计是根据"银时代"品牌定位策划完成的。页面版式、页面色彩、图片处理效果、Flash动画等都根据"银时代"的品牌重新定位并设定。在"银时代"案例部分，设计上主要侧重整体风格的体现，技术上使用Photoshop制作页面效果及处理图片效果。

总之，全书不仅介绍了网站设计所必须掌握的色彩理论、图像设计、动画设计、字体设计及总体版式设计等，而且以案例的形式完整地介绍了在实际制作过程中所应做到的方方面面。

特别声明：书中引用的图片及有关作品仅供教学分析使用，版权归原作者所有，由于获得渠道的问题，因此未能与作者一一联系，在此表示衷心感谢！

本书作者

本书由卢杰编著，关莹、崔建成参编，由于编者水平有限，书中难免有疏漏和不足之处，恳请广大读者批评指正。

教学资源

为了提高学习效率和教学效果，方便教师教学，编者为本书配备了包括电子教案、教学指南、素材文件、微课，以及习题参考答案等配套的教学资源。请有此需要的读者登录华信教育资源网（http://www.hxedu.com.cn）免费注册后进行下载，有问题时请在网站留言板留言或与电子工业出版社联系（E-mail:hxedu@phei.com.cn）。

编 者

CONTENTS | 目录

第1章
网页设计概述

　　网页设计是网站建设在技术形态的延伸，以视觉艺术为主要表现形式。

　　网页设计所涉及的诸多内容之间不是孤立存在的，而是共生共融、互为依存的。网页设计者以所处时代所能获取的技术和艺术经验为基础，依照设计目的和要求，自觉地对网页的构成元素进行艺术规划的创造性思维活动，创造出艺术化、人性化的浏览界面。它不仅与网站主题的策划、访客的定位、智能交互的实现、网站的宣传推广等有密切的关系，还包括对图形图像处理、版式设计、音频和视频编辑等方面的艺术化处理，包含了审美的基本要素，如造型、色彩等视觉传达设计中的因素，以及影视的艺术成分。

◆ 1.1 网页界面的构成

网页是由浏览器打开的文档，因此可以将其看成浏览器的一个组成部分。网页的界面只包含内置元素，而不包含窗体元素。以内容来划分，一般的网页界面包括网站Logo、导航栏、Banner、内容栏和版尾五部分。

1. 网站Logo

网站Logo是整个网站对外唯一的标志，是网站商标和品牌的图形表现。Logo的内容通常包括特定的图形和文本，其中，图形往往与网站的具体内容或开发网站的企业文化紧密结合，以体现网站的特色；文本主要起到加深用户印象的作用，文本介绍网站的名称、服务，也可以体现网站的宣传口号和价值观。一些简单的Logo也可以只包含文本，通过对文本进行各种变化来体现网站的特色。

图1-1中包含多个企业的商标，这些商标往往与其官方网站的Logo一致。

▶▶ 图1-1　多个企业网站的Logo

知识链接

为了便于在Internet上传播信息，一个统一的Logo国际标准是必要的。实际上已经有了这样的一整套标准。其中关于网站的Logo，目前有3种规格。

（1）88mm×31mm，这是Internet上最普遍的Logo规格。

（2）120mm×60mm，这种规格用于一般大小的Logo。

（3）120mm×90mm，这种规格用于大型Logo。

当然，200mm×70mm这种规格的Logo也已经出现。

设计大师Poorfish认为，一个好的Logo应具备以下条件，或至少具备其中的几条。

（1）符合国际标准。

（2）精美、独特。

（3）与网站的整体风格相兼容。

（4）能够体现网站的类型。

2．导航栏

导航栏是索引网站内容、帮助用户快速访问所需内容的辅助工具。根据网站内容，一个网页可以设置多个导航栏，也可以设置多级导航栏以显示更多的导航内容。

导航栏内容包含的是实现网站功能的按钮或链接，其项目的数量不宜过多。通常，同级别的项目数量以3～7个为宜。超过这一数量后，应尽量放到下一级别处理。设计合理的导航栏可以有效地提高用户访问网站的效率。

在导航栏的设计中，还可以采用Flash或jQuery脚本等实现动画元素，吸引用户访问。图1-2~图1-5为耐克公司网站的主页与链接页，从中可以体会导航栏设计的特点。

▶▶ 图1-2　主页

▶▶ 图1-3　链接页1

▶▶ 图1-4　链接页2

▶▶ 图1-5　链接页3

3．Banner

Banner，中文意思为旗帜或网幅，是一种可以由文本、图像和动画相结合而生成的网页栏目。Banner的主要作用是显示网站的各种广告，包括网站自身产品的广告和与其他企业合作放置的广告，如图1-6、图1-7所示。

▶▶ 图1-6　为企业播放的广告

▶▶ 图1-7　自身产品广告

在网页中预留标准Banner大小的位置，可以降低网站广告用户的Banner设计成本，使Banner广告位的出租更加便捷。

国际广告局的标准和管理委员会联合广告支持信息和娱乐联合会等国际组织，推出了一系列网络广告宣传物的标准尺寸，被称作"IAC/CASIE"标准，共包括7种标准的Banner尺寸。在众多商业网站中，通常都会遵循这些标准定义Banner的尺寸，方便用户设计统一的Banner，并应用于所有网站。然而，在一些不依靠广告位出租赢利的网站中，Banner的大小则比较自由。网页设计者完全可以根据网站内容及页面美观的需要随意调整Banner的大小。

知识链接

Internet Advertising Bureau（IAB，国际广告局）的标准和管理委员会联合Coalition for Advertising Supported Information and Entertainment（CASIE，广告支持信息和娱乐联合会）推出了一系列网络广告宣传物的标准尺寸。这些尺寸作为建议，提供给广告生产商和消费者，使大家都能接受。现在，网站上的广告位尺寸几乎都遵循IAC/CASIE标准。2001年公布的第二次标准如表1-1所示。

表1-1　2001年公布的第二次标准　　　单位：像素

Num Size	Name
① 120×600	"摩天大楼"形
② 160×600	宽"摩天大楼"形
③ 180×150	长方形
④ 300×250	中级长方形
⑤ 336×280	大长方形
⑥ 240×400	竖长方形
⑦ 250×250	"正方形弹出式"广告

*IAB将不再支持1997年第一次公布的标准中的392×72形。

▶▶ 图1-8　图像与文本结合的内容栏

4. 内容栏

内容栏是网页内容的主体，通常可以由一个或多个子栏组成，包含网页提供的所有信息和服务项目。内容栏的内容既可以是图像，也可以是文本，或是图像和文本的结合，如图1-8所示。

在设计内容栏时，用户可以先独立地设计多个子栏，再将这些子栏拼接在一起，形成整体的效果。同时，还可以对子栏进行优化排列，改善用户体验。如网页的内容较少，则可以使用单独的内容栏，通过添加大量的图像使网页更加美观。

5. 版尾

版尾是整个网页的收尾部分。在这部分内容中，可以声明网页的版权、法律依据，以及为用户提供各种提示信息等，如图1-9和图1-10所示。

▶▶图1-9　版尾内容1

▶▶图1-10　版尾内容2

除此之外，在版尾部分还可以提供独立的导航条，为将页面滚动到底部的用户提供一个导航的代替方式。

版权的书写应该符合网站所在国家的法律规范，同时遵循一般的习惯，如图1-9和图1-10所示。正确的版权书写格式如下：

Copyright (©) [Dates] (by) [Author/Owner] (All Rights Reserved.)

在上面的文本中，小括号"( )"中的内容可省略，中括号"[ ]"中的内容可以根据用户的具体信息而更改。

知识链接

按钮的设计

在网页界面构成中还有一个不可忽视的元素——按钮。在当前页面里要强调的链接自然会以按钮的形式表现，尤其所谓重量级按钮是促成浏览者完成页面功能的一个很重要的部分，所以对于其本身来讲，应该具有"吸引眼球"的效果。对于一个可以起到"吸引"作用的按钮，建议从下面7个方面来思考。

1. 按钮本身的用色

按钮本身的颜色应该区别于它周边的环境色。对于好的按钮的设计，颜色一定是与众不同的。通常，它的颜色较亮且对比度较高，如图1-11所示。

2．按钮的位置

设置按钮位置时需要仔细考量，基本原则是要易于被找到，如放置于产品旁边、页头、导航的顶部右侧，特别重要的按钮应该设置在页面的中心位置，如图1-12所示。

▶▶ 图1-11　不同凡响的按钮

▶▶ 图1-12　恰当的按钮位置

3．按钮上的文字表述

▶▶ 图1-13　简洁明了的文字

按钮上的文字在传递信息给用户时是非常重要的，应言简意赅，直接明了，如"注册"、"下载"、"创建"、"免费试玩"、"增值服务"等，甚至有时候用"点击进入"，如图1-13所示。千万不要让浏览者再花时间去思考文字表述的意思，越简单、越直接越好，但不能误导或欺骗用户。

4．按钮的尺寸

通常来说，一个页面当中按钮的大小也决定了其本身的重要级别，但并不是越大越好，尺寸应该适中。如图1-14所示，按钮清晰可辨。

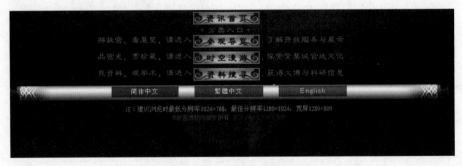

▶▶ 图1-14　质感清晰可辨的按钮

5．让其充分通透

按钮不能和网页中的其他元素挤在一起。它需要有充足的Margin（外边距）才能更加突出，也需要有更多的Padding（内边距）才能让文字更容易阅读，如图1-15所示。

6．注意鼠标滑过的效果

有些时候，对于一些重要的按钮，可以适当添加鼠标滑过的效果，带来良好的用户体验，起到画龙点睛的作用。但要注意的是，这种效果不太适合使用在按钮集中的区域。如果每个按钮都增加高亮的鼠标滑过的效果，则会造成视觉过于杂乱，影响用户浏览的舒适度，所以这里强调的是"恰当"地添加鼠标滑过的效果。

▶▶ 图1-15　按钮应该有足够的空间

在平常的设计当中有很多按钮需要"低调"处理，也就是说，在一个页面当中，按钮的功能是有优先级别的，这样就务必让一堆按钮在视觉上也呈现出优先级别。按钮群除了大小、位置区分了优先级之外，很重要的一点是色块的区分，高饱和色块的按钮群是不建议存在的。高饱和色调的应用往往是为了突出重点，而非强调整体，所以这种局部的处理方式建议用众多的低饱和色调来衬托小部分具有高饱和色调的重点信息。

7．游戏按钮视觉表现

在众多的游戏官网中，可以看到各式各样的游戏按钮。相对于一般商业型按钮来讲，游戏按钮更在意的是质感，如金属、石头、玻璃、木头、塑胶等质感，通过质感的表现来表达游戏本身的特质。

在设计游戏按钮的时候，能够尽可能结合游戏的特质，究其独特性，细腻地刻画，然后做到系统的应用，达到视觉的统一，这对于游戏官网尤为重要。

通常有特点的按钮体现的是整个画面的重点视觉诉求，也是功能的重要体现点。它们从游戏的定位考虑，再根据要表达的主题，变化性地设计按钮，有时强化游戏特点，有时则比较中性，但最终的效果是突出整体画面的协调与重点。

◆ 1.2　网页艺术设计的相关软件

网页设计涉及很多因素，除需要掌握一个主要的网页编辑软件外，还需要利用其他软件来辅助完成网页视觉元素的制作及网站的发布、维护等工作，如图形图像处理类软件、网页动画制作类软件、文件传输类软件等。每类都有很多不同的软件，读者没有必要全部掌握，每类软件只需掌握其中一个即可。选择软件的原则是：选择主流、兼容性强、适合读者的操作习惯的软件。当然，软件的价格也是要考虑的问题之一。

1．网页编辑类软件

网页编辑类软件主要有Macromedia公司开发的Dreamweaver软件、Adobe公司开发的GoLive软件，以及Microsoft公司开发的FrontPage软件。本书选用的是Dreamweaver，它是目前应用最广的网页制作软件。

2．图形图像处理类软件

图形图像处理类软件用于处理网页中的图片和部分动画，其中像素图像处理软件主要有Adobe公司开发的Photoshop、ImageReady软件和Macromedia公司开发的Fireworks软件，矢量图形处理软件主要有Corel公司的CorelDRAW软件、Adobe公司的Illustrator软件。

（1）Adobe Photoshop和ImageReady。

Photoshop是数字专业图像编辑领域内使用最普遍的软件，它提供高效的图像编辑、处理，以及文件处理功能，与其他软件的兼容性强，并支持各种主流图像格式。Photoshop自带的ImageReady主要用于网页图像的制作和优化，它与Photoshop界面统一、无缝集成。Photoshop用户可以很轻松地使用ImageReady制作网页图片，如图1-16所示。

▶▶ 图1-16　Photoshop制作的静态页面

（2）Fireworks。

Fireworks是专业的网页图片编辑工具，它与Dreamweaver软件的融合度很高，可以制作专门针对网页优化的各种元素或效果，如导航条、切片、GIF动画等。

（3）Adobe Illustrator。

Adobe Illustrator是一个矢量绘图软件，在Microsoft Windows平台和Apple Macintosh平台上都能良好地运行。它允许创建复杂的艺术作品、技术图解、图形和页面设计图样、多媒体，以及Web。Illustrator具有强大的图形图像处理功能，提供了强大的绘图和着色工具，支持所有主要的图形图像格式。

（4）CorelDRAW。

CorelDRAW是一款专业的矢量绘图软件，功能丰富全面，接口开放性好，自带许多工具，可以将位图图形转化为矢量图形。CorelDRAW主要在Windows操作系统下使用。

3．网页动画制作类软件

网页动画主要有Flash动画和GIF动画，Flash动画可以通过Macromedia公司的Flash软件或第三方的Flash动画软件制作，GIF动画可用网页图形图像软件如ImageReady、Fireworks等制作，也可用专门的GIF动画软件制作。

（1）Flash。

Flash是一款功能强大的动画制作软件，利用它能够制作出具有一流动画效果的Flash影片。Flash是交互式矢量图和Web动画的标准，网页设计师使用Flash能创作出漂亮的、可改变尺寸的、灵活的导航界面、技术说明，以及其他奇特的效果，甚至单独开发制作纯动画网站。

（2）KoolMoves Flash Editor。

KoolMoves Flash Editor是一个网站动画制作软件，它能够制作Flash动画及其他与动画相关的素材。该软件还能够制作GIF动画、制作文字特效、导入矢量剪贴画、附加WAV音频文件，以及为文字按钮和帧增加动作等。

（3）GIF Movie Gear。

GIF Movie Gear是一款GIF动画制作软件，其编辑功能较强，无须再用其他的图形软件辅助。它可以处理背景透明化，且操作简便，还可以通过最佳化处理压缩图片的容量。它除了可以把制作好的图片存成GIF的动画图外，还支持PSD、JPEG、AVI、BMP、GIF和AVI格式输出。

4．文件传输类软件

制作完成的网页文件，只有上传到服务器上才能被其他人看见，这就需要用到文件传输类软件来进行文件的上传与下载。除Dreamweaver自带的上传、下载功能外，还可以使用更为方便的FTP软件来进行文件传输。目前，常用的FTP软件有CuteFTP、LeapFTP和FlashFTP等。

◈ 1.3 按钮小制作

1.3.1 制作特殊形状按钮

Step01 打开Photoshop软件，根据设计需要创建新文件。激活"圆角矩形工具"，在其属性栏上单击"路径"按钮，设置半径为40像素，绘制圆角矩形路径，然后通过"添加节点"、"调整节点"等工具，得到如图1-17所示的路径。

Step02 按【Ctrl+Enter】组合键，将路径转换为选区，效果如图1-18所示。然后在"图层"面板上新建图层1。

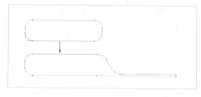

▶▶ 图1-17 绘制路径

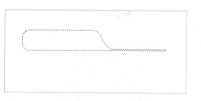

▶▶ 图1-18 转换选区

Step03 激活工具箱中的"渐变工具"，选择线性渐变填充形式。在其属性栏上，单击渐变色条，打开"渐变编辑器"窗口，如图1-19所示，设置颜色渐变为#E13F44—

#DB4B55—#BF3845—#8E2636。按住鼠标左键从上至下绘制渐变色，效果如图1-20所示。

Step 04 执行"编辑"→"描边"命令，在打开的"描边"对话框中设置描边宽度为1像素，位置为居中，描边颜色设置为#9A2B37，单击"确定"按钮，效果如图1-21所示。一个简单的按钮效果制作完成。

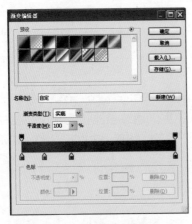

▶▶ 图1-19　"渐变编辑器"窗口

▶▶ 图1-20　渐变效果

▶▶ 图1-21　描边效果

1.3.2　制作圆角矩形按钮

这个按钮主要采用"图层样式"命令和流量很小的画笔工具来表现色彩的变化，并通过改变图层的不透明度，突出按钮的变化效果。

Step 01 新建文档，设置尺寸为500像素×500像素，其他参数设置如图1-22所示。

Step 02 激活工具箱中的"圆角矩形工具"，在其属性栏上单击"填充像素"按钮，设置半径为30像素，前景色设置为#021FF8，绘制如图1-23所示的圆角矩形按钮。

▶▶ 图1-22　新建文件

▶▶ 图1-23　填充像素

Step 03 在"图层"面板上复制该图层为图层2副本。激活工具箱中的"移动工具"，按键盘上的上箭头键移动6个像素。然后在"图层"面板上，隐藏复制的图层2副本。

Step 04 执行"图像"→"调整"→"色相/饱和度"命令，打开"色相/饱和度"对话框，如图1-24所示，设置参数。如果需要改变按钮的颜色，可以勾选"着色"复选框。

Step 05 在"图层"面板上显示隐藏的图层副本，效果如图1-25所示。

Step 06 双击圆角矩形的图层2副本，打开"图层样式"对话框，如图1-26所示。勾选"内发光"复选框，设置混合模式为滤色，不透明度为50%，颜色设置为白色到透明的渐变，大小设置为20像素，单击"确定"按钮，效果如图1-27所示。

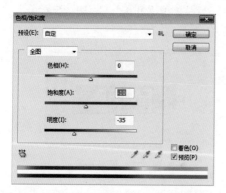

▶▶ 图1-24 "色相/饱和度"对话框

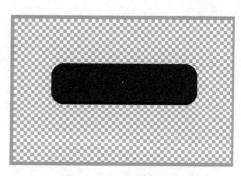

▶▶ 图1-25 调整后的效果

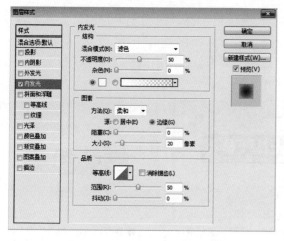

▶▶ 图1-26 "图层样式"对话框

▶▶ 图1-27 内发光效果

Step07 新建图层3，激活工具箱中的"画笔工具"，设置前景色为黑色，选择柔角100像素笔形，不透明度为100%，流量为9%，在圆角矩形上方水平绘制一笔，效果如图1-28所示。

Step08 仔细观察，可以发现在按钮的上方出现多余的黑色。在"图层"面板上选中该图层，右击，在弹出的快捷菜单中执行"创建剪贴蒙版"命令，即可删除多余黑色部分，效果如图1-29所示。

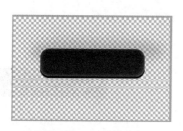

▶▶ 图1-28 增加暗部

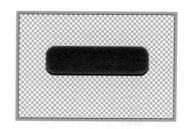

▶▶ 图1-29 删除多余颜色

Step09 激活工具箱中的"横排文字工具"，颜色设置为白色，字体等可以根据需要设置，输入文本，效果如图1-30所示。

Step⑩ 双击文本图层，打开"图层样式"对话框，勾选"投影"复选框，设置混合模式为正片叠底，颜色为黑色，不透明度为26%，角度为90度，距离为5像素，大小为5像素，单击"确定"按钮，效果如图1-31所示。

▶▶图1-30　输入文本

▶▶图1-31　投影效果

Step⑪ 激活工具箱中的"椭圆选框工具"，在新建的图层上绘制一个椭圆形，并填充黑色，效果如图1-32所示。

Step⑫ 选中黑色椭圆形图层，在"图层"面板上调整不透明度为15%，效果如图1-33所示。

Step⑬ 同时选中黑色椭圆形图层和文字图层，单击，在弹出的快捷菜单中执行"创建剪贴蒙版"命令，效果如图1-34所示。

▶▶图1-32　绘制椭圆

▶▶图1-33　调整不透明度

▶▶图1-34　文本效果

1.3.3　制作简单的矩形按钮

为了便于观察，首先建立一个600像素×600像素的文件，背景设置为透明。在实际制作中，可以根据按钮的尺寸进行制作。

Step① 新建文档，尺寸设置为600像素×600像素，其他参数设置如图1-35所示。

Step② 激活工具箱中的"矩形选框工具"，新建图层并绘制一个矩形选区，填充黑色#000000，效果如图1-36所示。

▶▶图1-35　新建文件

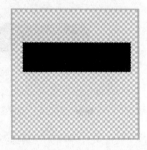

▶▶图1-36　填充选区

Step 03 在"图层"面板中双击该图层，打开"图层样式"对话框，勾选"斜面和浮雕"、"颜色叠加"、"渐变叠加"复选框，在"斜面和浮雕"中，设置样式为内斜面，方法为平滑，深度为50%，大小为50像素，如图1-37所示。

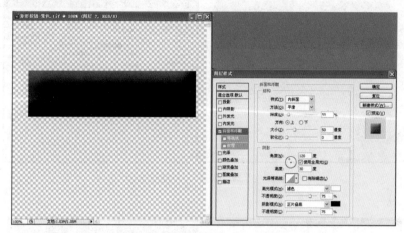

▶▶ 图1-37 设置"斜面和浮雕"参数

Step 04 在"颜色叠加"中设置混合模式为正常，颜色为#6411CC，不透明度为60%，如图1-38所示。

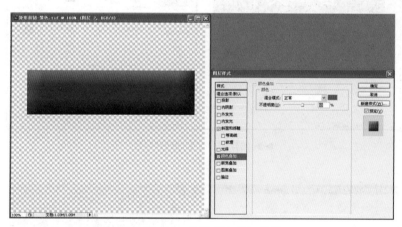

▶▶ 图1-38 设置"颜色叠加"参数

Step 05 在"渐变叠加"中设置混合模式为正常，不透明度为20%，黑色到白色的渐变，渐变样式为线性，角度为90度，单击"确定"按钮，效果如图1-39所示。

Step 06 激活工具箱中的"横排文字工具"，根据按钮大小，选择字体为黑体，字号设置为72点。颜色设置为白色#FFFFFF，输入"首页"文字。

Step 07 双击文字图层，打开"图层样式"对话框，勾选"投影"复选框，设置混合模式为正片叠底，不透明度40%，角度为120度，距离为2像素，大小为2像素。单击"确定"按钮，效果如图1-40所示。

Step 08 如要更改按钮颜色，只需要勾选"图层样式"对话框中的"颜色叠加"复选框，更改叠加颜色，就可以得到不同颜色的按钮，如图1-41所示。

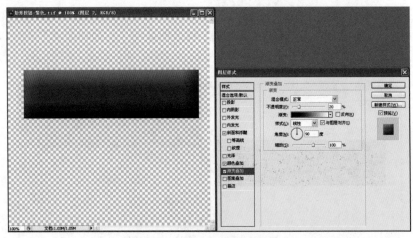

▶▶ 图1-39　设置"渐变叠加"参数

▶▶ 图1-40　改变"投影"参数

▶▶ 图1-41　变换按钮颜色

1.3.4　制作圆形按钮

按钮一般有3种状态：正常（Normal）、鼠标悬浮（Hover）、鼠标按下（Active），通常用颜色或者明度的变化来区分。下面制作正常和鼠标按下两种状态的按钮，并利用明度上的细微变化来区分。这种按钮的制作特点是由多个图层组合而成，细节变化主要靠渐变颜色的调节来实现。

新建文档，设置尺寸为600像素×600像素，分辨率为72像素/英寸，背景设置为透明色。新建一个图层，命名为bg，填充白色，白色的图层是为了更清楚地看到每个步骤，在最后应用中可以删除。

1. 制作正常状态的按钮

Step01　激活工具箱中的"圆形选框工具"，按住【Shift】键，在新建图层1上绘制正圆形。然后激活工具箱中的"渐变工具"，在其属性栏中单击"径向渐变"按钮，打开"渐变编辑器"窗口，设置色标颜色为#8AC1F8—#0961B8的渐变，如图1-42所示。

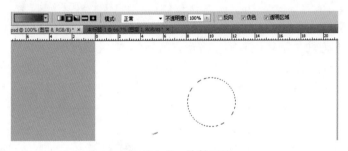

▶▶ 图1-42　绘制圆形

Step02　按住鼠标左键，从圆形的左上角向右下角拖曳，填充颜色，效果如图1-43所示。

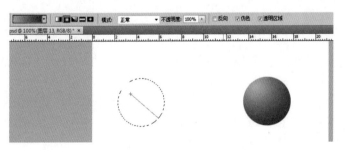

▶▶ 图1-43　填充渐变色

Step03　双击蓝色圆形图层，打开"图层样式"对话框，勾选"描边"复选框，设置大小为1像素，位置为外部，混合模式为正常，不透明度为52%，颜色为#023468，如图1-44所示。单击"确定"按钮，效果如图1-45所示。采用图层的样式设计，最大的好处是可以"复制"、"粘贴"样式的参数，保证设计的一致性，方便网页设计过程中重复元素的设计与制作。

Step 04 复制该图层并命名新图层为图层2。以图层2为当前层，右击，在弹出的快捷菜单中执行"清除图层样式"命令。然后执行"编辑"→"变换"→"旋转"命令，将图层2旋转到如图1-46所示的位置。

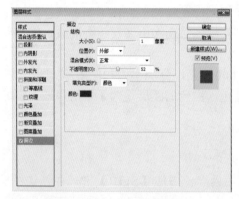

▶▶ 图1-44 设置"描边"参数　　　　▶▶ 图1-45 改变参数后的效果

Step 05 以图层2为当前层，从标尺上拖曳出辅助线确定圆心位置备用，然后执行"编辑"→"变换"→"缩放"命令，按住【Shift+Alt】组合键，将图层2缩小，效果如图1-47所示。

Step 06 用同样的方法再次复制并缩小图形，效果如图1-48所示。

Step 07 新建图层4，激活工具箱中的"椭圆选框工具"，设置羽化值为2像素，勾选"消除锯齿"复选框，样式选择正常，绘制一个如图1-49所示的椭圆形。

▶▶ 图1-46 变换角度　▶▶ 图1-47 改变大小　▶▶ 图1-48 复制与缩小　▶▶ 图1-49 绘制椭圆

Step 08 激活工具箱中的"油漆桶工具"，设置模式为正常，不透明度为85%，容差为0，填充颜色为白色#FFFFFF，效果如图1-50所示。

Step 09 选中图层4，执行"编辑"→"变换"→"旋转"命令，调整白色椭圆形的角度和位置，也可以调整椭圆形的缩放等。根据需要，在"图层"面板中，更改图层不透明度为64%，效果如图1-51所示。

Step 10 激活工具箱中的"自定形状工具"，在其属性栏中单击"填充像素"按钮，在"待创建形状"中选择符号部分的"惊叹号"，设置颜色为白色#FFFFFF，在新建图层5上绘制惊叹号，并调整其大小、位置，效果如图1-52所示。

Step 11 双击图层5，打开"图层样式"对话框，如图1-53所示，勾选"投影"复选框，设置混合模式为正片叠底，不透明度为50%，角度为103度，勾选"使用全局光"复选框，设置距离为5像素，扩展为0%，大小为9像素，给白色的惊叹号设置一个投影效果，单击"确定"按钮，效果如图1-54所示。

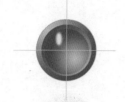

▶▶ 图1-50　填充白色

▶▶ 图1-51　旋转角度

▶▶ 图1-52　绘制感叹号

▶▶ 图1-53　设置投影

▶▶ 图1-54　投影效果

2．制作鼠标按下状态的按钮

Step01　新建图层1，参考鼠标正常状态按钮的制作步骤制作第一层，然后拖曳出辅助线，确定圆心位置备用。

Step02　新建图层2，激活工具箱中的"椭圆选框工具"，从中心出发，按住【Shift+Alt】组合键绘制一个比图层1上的圆形稍小些的圆形，效果如图1-55所示。

Step03　激活工具箱中的"渐变工具"，选择径向渐变形式，在"渐变编辑器"窗口中设置颜色#BBDDFF到#006699的渐变，在圆形选区内拖曳，给圆形填充渐变颜色，效果如图1-56所示。

Step04　新建图层3，激活工具箱中的"椭圆选框工具"，从中心出发，按住【Shift+Alt】组合键绘制一个比图层2上的圆形稍小的正圆形。激活工具箱中的"渐变工具"，选择径向渐变，在"渐变编辑器"窗口中设置颜色#BBDDFF—#003366的渐变，在圆形选区内拖曳，给圆形填充颜色，效果如图1-57所示。

Step05　新建图层4，激活工具箱中的"椭圆选框工具"，设置羽化为2像素，绘制一个椭圆形，填充白色#FFFFFF，调整位置、不透明度及角度，效果如图1-58所示。

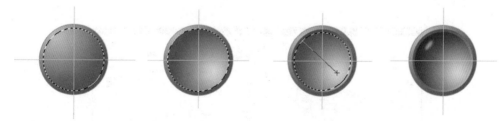

▶▶ 图1-55　绘制小圆　　▶▶ 图1-56　填充渐变色　▶▶ 图1-57　绘制小圆并填充　▶▶ 图1-58　绘制椭圆形

Step06　新建图层5，激活工具箱中的"自定形状工具"，选择"惊叹号"图形，绘制图形，"图层样式"参数设置如图1-59所示，单击"确定"按钮，效果如图1-60所示。

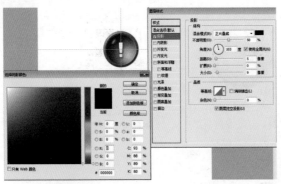

▶▶ 图1-59 设置"图层样式"参数　　　　　　▶▶ 图1-60 图层样式效果

1.3.5 制作透明效果按钮

下面的按钮制作基本分3层：一是按钮图形和样式设定；二是链接文本设定；三是高光图层设定。

Step01 新建文档，设置宽和高为500像素×500像素，如图1-61所示。

Step02 激活工具箱中的"圆角矩形工具"，在其属性栏上单击"填充像素"按钮，设置半径为30像素，前景色为#00DDF0，在新建图层上绘制一个圆角矩形，如图1-62所示。

▶▶ 图1-61 新建文件　　　　　　▶▶ 图1-62 绘制圆角矩形

Step03 双击圆角矩形图层，打开"图层样式"对话框，如图1-63所示。勾选"投影"、"外发光"，"内发光"、"斜面和浮雕"、"光泽"、"渐变叠加"复选框。在"投影"中设置混合模式为正片叠底，不透明度为35%，角度为120度，距离为2像素，大小为2像素。

▶▶ 图1-63 设置"投影"参数

Step 04 在"外发光"中设置混合模式为滤色，不透明度为75%，颜色为#007FD8，如图1-64所示。

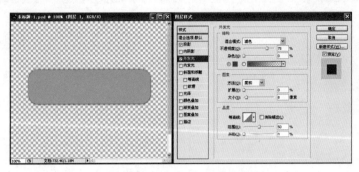

▶▶图1-64　设置"外发光"参数

Step 05 在"内发光"中设置混合模式为滤色，不透明度为75%，颜色为#FFFFBE到透明色的渐变，如图1-65所示。

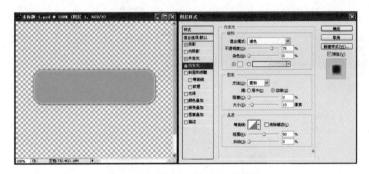

▶▶图1-65　设置"内发光"参数

Step 06 在"斜面和浮雕"中设置样式为内斜面，方法为平滑，深度为1000%，方向为上，大小为13像素，如图1-66所示。

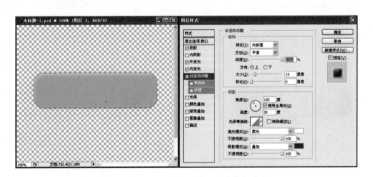

▶▶图1-66　设置"斜面和浮雕"参数

Step 07 在"光泽"中设置混合模式为正常，不透明度为40%，角度为180度，距离为40像素，大小为110像素，颜色为白色，如图1-67所示。

Step 08 在"渐变叠加"中设置混合模式为正常，不透明度为100%，样式为对称的，角度为-160度，缩放为130%，颜色为#02B5CF—#005376的渐变，如图1-68所示。

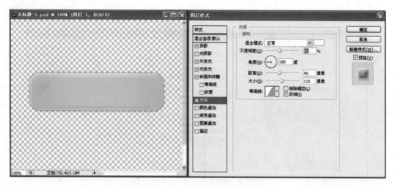

▶▶ 图1-67　设置"光泽"参数

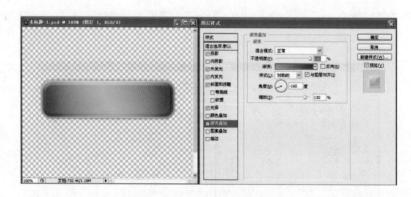

▶▶ 图1-68　设置"渐变叠加"参数

Step 09 激活工具箱中的"横排文字工具"，设置字体颜色为白色，字体、字号、字间距等可以根据情况设定。输入链接文本，效果如图1-69所示。

Step 10 激活工具箱中的"钢笔工具"，在其属性栏中单击"路径"按钮，在新建图层上绘制如图1-70所示的图形。

▶▶ 图1-69　输入文字

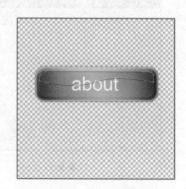

▶▶ 图1-70　绘制路径

Step 11 按【Ctrl+Enter】组合键，将路径转换为选区，然后填充白色，在"图层"面板上将图层的不透明度调整为15%，高光区效果制作完成，如图1-71所示。

▶▶ 图1-71　调整不透明度

实践与提高 1

1. 网页界面包括哪几部分？请详细说明各自的作用。

2. 网站Logo的设计尺寸有哪几种？

3. 简单分析在设计按钮时应注意哪些元素。

4. 利用所掌握的软件知识，制作如图1-72～图1-75所示的按钮。

▶▶ 图1-72　按钮1　　▶▶ 图1-73　按钮2　　▶▶ 图1-74　按钮3　　▶▶ 图1-75　按钮4

5. 尝试为自己的主页设计几个按钮。

第2章
网页版式设计

　　网页版式是视觉传达的重要手段。网页的排版布局在网页设计中起到决定成败的作用。网页版式应遵循审美原则来进行设计，合理地利用视觉元素，将会令网页充满生气，事半功倍。虽然网页种类繁多，但将其分类后可寻找到一定的设计规律。

　　网页设计的任务是表现出网站的主题并实现指定的功能，让人们从网页的浏览中更好地找到需要的东西。网页既是信息发布的重要媒体，又要让读者通过版面的阅读产生无限的遐想与共鸣。因此，版式设计是网页设计的第一步，是网页成败之关键所在。

　　每日数以万计的网页充斥着各大网站，形形色色的网页不断撞击着人们的眼球。普通的网页设计已不能满足人们的审美要求，网页在发挥其基本功能的前提下更加需要被赋予艺术的元素。

2.1 网页版式设计应遵循的原则

网页版式设计的原则就是让浏览者既方便接收传达的信息，又能享受到美感。版面设计的目的是使信息条理清晰、布局合理有序、界面美观悦目，更好地突出主题，达到最佳诉求效果。

1．主题鲜明突出

既然网页版式设计的目的是使网页的版面清晰、主题突出、达到最佳的诉求效果，那么，作为一个成功的网页版式设计，应有助于吸引受众对网页的注意，增进阅读者对内容的理解。因此，要使版面具有良好的“诱导”力、鲜明突出的诉求主题，就要通过对版面的空间层次、主从关系、视觉秩序，以及逻辑条理性的把握与运用来完成。图2-1为某从事工业设计的公司的主页。

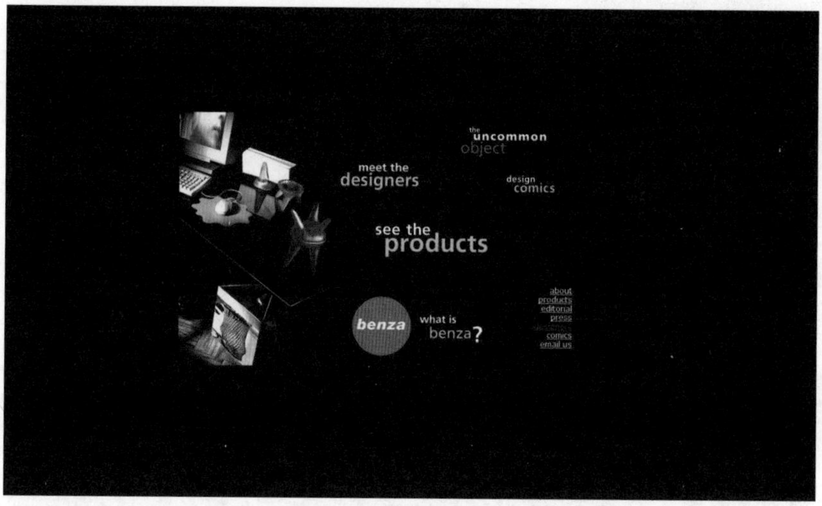

▶▶ 图2-1　某公司的主页

网页的实用功能直接影响着使用者对它的审美评价，实用甚至可以转化审美，这种美就叫做“功能之美”。网页设计在追求形式美的同时，必须符合主题的需要，这是网页设计的前提。只讲究花哨的表现形式，过于强调“独特的设计风格”而脱离内容，或者只求内容而缺乏艺术的表现，网页设计都会变得空洞无力。

2．版面设计技术使用得当

传统媒体（如广播、电视节目、报纸杂志等）都以线性方式提供信息，即按照信息提供者的感觉、体验和事先确定的格式来传播。而在Web环境下，人们不再是一个传统媒体方式的被动接受者，而是以一个主动参与者的身份加入到信息的加工处理和发布之中。

网页中使用的交互性、多维性和多种媒体的综合应用，是网页版面设计的完美体现。即时的交互性是Web成为热点的主要原因，也是网页版面设计时必须考虑的问题。

多维性源于超级链接,主要体现在网页设计中对导航的设计上。使用超级链接,网页的组织结构更加丰富,受众可以在各种主题之间自由跳转,从而打破了以前人们接收信息的线性方式。但要注意页面之间的关系不能过于复杂,否则不仅给受众检索和查找信息增加了难度,也给设计者带来了较大的困难。为了让受众在网页上迅速找到所需的信息,设计者必须考虑快捷而完善的导航设计。

网页中使用的多媒体视听元素主要有文字、图像、声音、视频等,应用多种媒体元素来设计网页,可以满足和丰富受众的多种感官需求,从而从网络中获取高质量的信息。

3. 版面装饰恰当

对网页设计来讲,装饰应该追寻简洁化,功能与装饰应有机地结合,这样才能制作出一个优秀的网页设计作品。"简洁就是美",是单纯化成为现代设计美的重要因素。过于复杂的装饰对主题是重大的考验。网页上的很多功能都是通过超级链接的按钮和图片来完成的。如图2-2所示,主页上的许多符号起到了按钮的作用。因此,单纯的装饰在网站上是不多的,在商业性很强的网站上每个"位子"都是有价值的。同时,复杂的装饰也会影响加载的速度,从而影响点击率。

▶▶ 图2-2　符号就是按钮

4. 网页版面的视觉冲击力强

现在同类的网站多如牛毛,各种各样的网页争奇斗艳。那么怎样能让一个网页在众多的网站中独树一帜,让人们对它过目不忘呢?除了新颖的内容外,极具视觉冲击力的网页设计也起到了极大的作用。优秀的网页版式设计能使人们的视线在这个页面上停留,并传递网页里的相关信息。色彩是一个网页给人的最初印象,它对网页的可读性、视觉舒适性都会产生极大的影响,如图2-3所示。在网站设计中也要遵循色彩的原则,根据和谐、均衡和重点突出的原则,将色彩进行组合搭配,构成美丽的页面,使人们能感受到色彩的情感。人们长期生活在一个彩色的世界中,积累有许多视觉经验,一旦视觉经验与外来色彩刺激发生呼应时，就会在心理上引发某种情绪。

▶▶ 图2-3 色彩感舒适

◆ 2.2 网页版式设计的基本内容

网页版式设计作为信息交流的媒介，其基本要素是文字和图像，运用图像、字体和色彩等视觉元素，达到信息传达和审美的目的。这些元素之间的组合构成方式的合理性，是准确传递信息和视觉审美规律的基本要求。

2.2.1 网页的标题设计

在网页的版式设计中，好的标题设计可令人赏心悦目，能形成网页的整体风格。标题所在的栏目一般位于网页的上方，并且左右贯穿整个网页；标题的背景既可使用动态图片，也可使用静态图片，这是由网页的交互式特性所决定的。如图2-4～图2-6所示，整个标题采用通栏设计，通透、简洁、明了。

▶▶ 图2-4 采用通栏设计手法的网页标题1

▶▶ 图2-5 采用通栏设计手法的网页标题2

▶▶ 图2-6 采用通栏设计手法的网页标题3

2.2.2 文字的编排

文字在排版设计中，不仅仅局限于信息传达意义上的概念，更是一种高尚的艺术表现形式。文字已提升到启迪性和宣传性，并引领人们的审美时尚的新视角。文字是所有版面的核心，也是视觉传达最直接的方式，不需要任何图形，仅运用精心编排的文字材料，就可以制作出效果很好的版面，因此说文字是网页中最重要的元素，文字的编排可以说是网页版式的主题设计。

1. 字号、字体

通常情况下，最适合网页正文显示的字体大小为12磅左右。现在在很多的综合性网站中，由于在一个页面中安排的内容较多，字号通常采用9磅。较大的字体可用于标题或其他需要强调的地方，小一些的字体可以用于页脚和辅助信息。需要注意的是，小字号的字可产生整体感和精致感，但可读性较差。

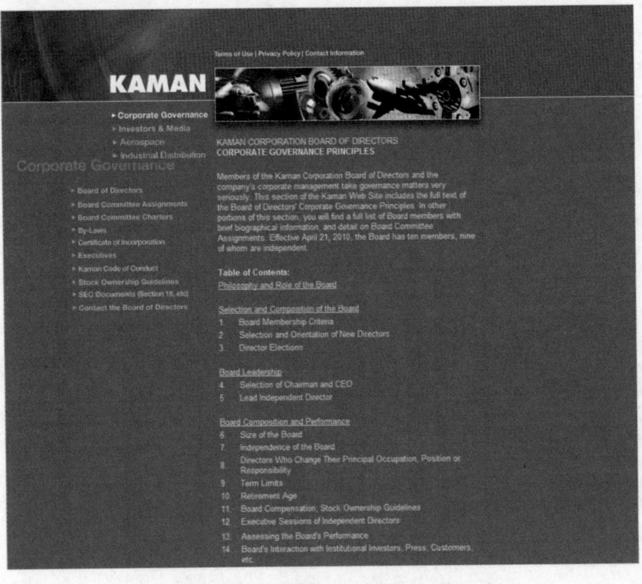

在同一页面中，字体种类少，版面雅致，有稳定感；字体种类多，则版面活跃，丰富多彩。关键是如何根据页面内容来掌握这个比例关系。如图2-7所示，整个页面采用一种字体的表现形式，丝毫没有单一与枯燥的感觉。

从加强平台无关性的角度来考虑，正文内容最好采用默认字体。因为浏览器是用本地计算机中的字库显示页面内容的。作为网页设计者，必须考虑到大多数浏览者的计算机里常用的字体。而指定的字体在

▶▶ 图2-7 采用单一字体的表现形式

浏览者的计算机里并不一定能够找到，这给网页设计带来很大的局限性。解决的办法是：在确有必要使用特殊字体的地方，将文字制成图像，然后插入页面中，如图2-8所示，页面左上角的文字正是如此处理的。

▶▶ 图2-8　文字图像化

2．字距与行距

字距与行距的把握是设计师对版面的心理感受，也是设计师设计品味的直接体现。通常字号与行距的比例应为：字用8点，行距则为10点，即8:10。但对于一些特殊的版面来说，字距与行距的加宽或缩紧，更能体现主题的内涵。国际上流行将文字分开排列的方式，感觉疏朗清新、现代感强。因此，字距与行距不是绝对的，应根据实际情况而定。

3．文字的强调

（1）行首的强调。

将正文的第一个字或字母放大并做装饰性处理，嵌入段落的开头，这在传统媒体版式设计中称为"下坠式"。由于它有吸引视线、装饰和活跃版面的作用，所以被应用于网页的文字编排中。其下坠幅度应跨越一个完整字行的上下幅度。至于放大多少，则依据所处网页环境而定。

（2）引文的强调。

在进行网页文字编排时，常常会碰到提纲挈领性的文字，即引文。引文概括一个段落、一个章节或全文大意，因此在编排上应给予特殊的页面位置和空间来强调。引文的编排方式多种多样，如将引文嵌入正文的左侧、右侧、上方、下方或中心等位置，并且可以在字体或字号上与正文相区别，产生变化感。

（3）个别文字的强调。

如果将个别文字作为页面的诉求重点，则可以通过加粗、加框、加下画线、加指示性符号、倾斜字体等手段有意识地强化文字的视觉效果，使其在页面整体中显得出众而夺目。另外，改变某些文字的颜色，也可以使这部分文字得到强调。这些方法实际上都运用了对比的法则，如图2-9所示。

个别文字的强调

▶▶ 图2-9　强调文字

2.2.3　图文的结合

在网页的版式设计中只应用文字也不适合人们长期阅读，所以网页在版式上采用文字和图形相互搭配的形式。图文结合主要有两种表现形式：一是文字配图形的形式，这里的图形是网页的主体，文字是辅助存在的，如图2-10所示，对于一些新闻类的网站，图形有时不能表明一件事情的始末，所以要用文字配合说明；二是图形配文字的形式，在这里要把握图形和文字的关系，根据不同类别的网站灵活搭配，如图2-11所示。

▶▶ 图2-10　合理的图文搭配1

▶▶ 图2-11 合理的图文搭配2

2.2.4 页面的节奏韵律

节奏是从音乐中派生出来的一个很感性的词汇，它需要根据设计的风格和受众感情综合起来体会。一个娱乐类或音乐类的网站，给人的节奏感是轻松欢畅的；一个新闻类的网站，给人的节奏感是快速律动的；一个军事类的网站，给人的节奏感是严肃庄重的……如图2-12所示，应根据其内容选择设计风格，若在版式设计上只追求节奏韵律则会适得其反。

▶▶ 图2-12 恰当运用节奏韵律的页面设计

◇ 2.3 网页版式的构成分类

网页设计如果仅从网页版式的构成进行分类，则主要有骨骼型、满版型、分割型、中轴型、曲线型、倾斜型、对称型、焦点型、三角形、自由型10种。

1. 骨骼型

网页中的骨骼型版式是一种规范的、理性的设计形式，类似于报刊的版式。常见的骨骼有竖向的通栏、双栏、三栏、四栏和横向的通栏、双栏、三栏、四栏等，如图2-13、图2-14所示。一般以竖向分栏为多。这种版式给人以和谐、理性的美。几种分栏方式结合使用，显得网页既理性、有条理，又活泼而富有弹性。

▶▶ 图2-13 竖栏设计　　　　　　　　　　　▶▶ 图2-14 横栏设计

2. 满版型

页面以图像充满整版，如图2-15、图2-16所示。页面主要以图像为诉求点，将少量文字嵌于图像之上，视觉传达效果直观而强烈。满版型给人以舒展、大方的感觉。美中不足的是，由于当前网络宽带对大幅图像的传输速度较慢，这种版式多见于强调艺术性或个性的网页设计中。

▶▶ 图2-15 页面以图像为诉求点1　　　　　▶▶ 图2-16 页面以图像为诉求点2

3. 分割型

分割型版式设计，是把整个页面分成上、下或左、右两部分，分别安排图片和文案。两部分形成明显的对比：有图片的部分感性而具活力，文案部分则理性而平静，如图2-17所示。设计实践中，可以通过调整图片和文案所占的面积，来调节对比的强弱。如果图片所占比例过大，文案使用的字体过于纤细，字距、行距、段落的安排又很疏落，则易造成视觉的不平衡，显得生硬。若通过文字或图片将分割线虚化处理，就会产生自然和谐的效果。

▶▶ 图2-17 分割型版式

4. 中轴型

中轴型版式，是沿着页面的视觉中轴将图片或文字进行水平或垂直方向的排列，如图2-18所示。水平排列的页面，给人稳定、平静、含蓄的感觉。垂直排列的页面，给人舒畅的感觉。

▶▶ 图2-18 中轴型版式

5. 曲线型

曲线型版式，是将图片或文字在页面上做曲线的编排，如图2-19所示。这种编排方式能产生韵律感与节奏感。

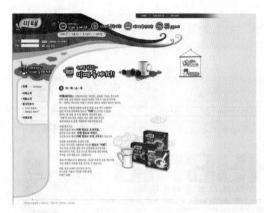

▶▶图2-19　曲线型版式

6. 倾斜型

倾斜型版式，是将页面主题形象或多幅图片、文字进行倾斜编排，从而造成页面强烈的动感，引人注目。如图2-20所示，利用倾斜式的图片突出产品。

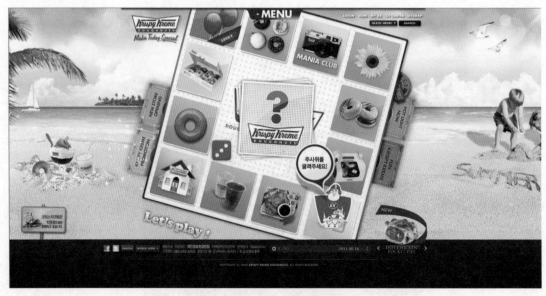

▶▶图2-20　倾斜型版式

7. 对称型

对称型的页面版式给人稳定、严谨、庄重、理性的感觉，如图2-21所示。

▶▶图2-21 对称型版式

对称分为绝对对称和相对对称两种类型。一般采用相对对称的手法，以避免版式呆板。

四角形也是对称型的一种，在页面四角安排相应的视觉元素。4个角是页面的边界点，重要性不可低估。在4个角安排的任何内容都能产生安定感。控制好页面的4个角，也就控制了页面的空间。越是凌乱的页面，越要注意对4个角的控制。

8. 焦点型

焦点型的页面版式，通过对视线的诱导，使页面具有强烈的视觉效果，如图2-22所示。焦点型版式分为以下3种情况。

▶▶图2-22 焦点型版式

（1）中心：将对比强烈的图片或文字置于页面的视觉中心。

（2）向心：视觉元素引导浏览者的视线向页面中心聚拢，形成一个向心的版式。向心版式是集中的、稳定的，是一种传统的手法。

（3）离心：视觉元素引导浏览者的视线向外辐射，则形成一个离心的网页版式。离心版式是外向的、活泼的，具有现代感，但在运用时应注意避免凌乱。

9. 三角型

三角型版式中的网页视觉元素呈三角形排列。正三角形（金字塔形）最具稳定性，倒三角形则产生动感。侧三角形构成一种均衡版式，既安定又有动感，如图2-23所示。

10. 自由型

自由型的页面具有活泼、轻快的风格，如图2-24所示。

▶▶图2-23 三角型版式

▶▶图2-24 自由型版式

◆ 2.4 网页界面设计案例制作

如图2-25所示,这是一个用Photoshop制作的网页界面设计效果。在传统三三式构图的基础上发展变化而来。整个页面以无彩色系的黑色、浅灰为主色调,显得简洁而有条理、理性冷静。

▶▶ 图2-25　主页效果

1. 布局部分

Step01 根据设计需要确定页面的大小,设定网页尺寸为900像素×600像素,分辨率为72像素/英寸。执行"视图"→"标尺"命令,打开工作区中的标尺功能,将鼠标指针指向标尺并拖曳出辅助线,效果如图2-26所示。

Step02 单击"图层"面板底部的"新建图层"按钮新建一个图层,并命名为header,激活工具箱中的"矩形选框工具",绘制并填充颜色为#000000的黑色矩形,效果如图2-27所示。

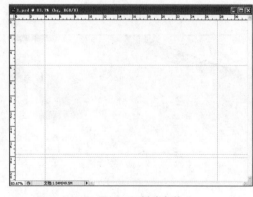

▶▶ 图2-26　新建文件

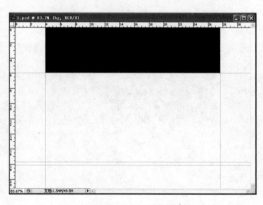

▶▶ 图2-27　绘制矩形

Step03 新建图层并命名为footer，同样使用"矩形选框工具"在页脚部分绘制一个黑色矩形，效果如图2-28所示。此时通过绘制两个黑色矩形，将页面分成上、中、下三部分。

Step04 新建图层并命名为mg，在图层header和图层footer之间绘制矩形选框，激活"渐变工具"，设置如图2-29所示的渐变色并填充矩形选框，效果如图2-30所示。

Step05 新建图层并命名为gray，在图层footer和图层mg之间绘制一个矩形并填充灰色#D6D6D6，效果如图2-31所示。

▶▶ 图2-28 绘制矩形

▶▶ 图2-29 "渐变编辑器"窗口

▶▶ 图2-30 填充渐变色

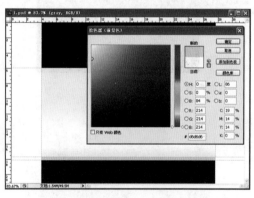

▶▶ 图2-31 填充灰色

Step06 在"图层"面板中新建一个文件夹，命名为bg，将图层header、图层footer、图层mg、图层gray移动到bg文件夹中，效果如图2-32所示。

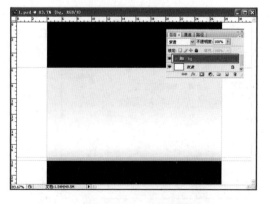

▶▶ 图2-32 建立图层组

2．Logo部分

Logo部分以Arial文本直接呈现网址，可读性强、简洁明了，便于记忆。

Step 01 新建图层light，激活工具箱中的"画笔工具"，设置主直径为300px，流量为28%，在图层header上绘制白色光晕图形，效果如图2-33所示。

Step 02 激活工具箱中的"文字工具"，在图层light上输入"webpagedesign"，颜色分别为#FFFFFF和#FF0000。设置字体为Arial，字号为42点，也可以使用"变形工具"调整大小，效果如图2-34所示。

Step 03 激活工具箱中的"文字工具"，输入"about features"，设置恰当的字体与字号。新建文件夹，命名为logo，将图层light和两个文本图层拖曳到logo文件夹中，效果如图2-35所示。

▶▶ 图2-33　绘制光晕

▶▶ 图2-34　输入文本

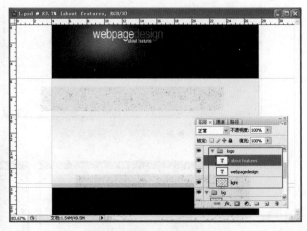

▶▶ 图2-35　建立文本组

3．导航栏部分

Step 01 新建图层，命名为图层2，在页眉上绘制一个矩形，填充灰色，双击图层2，打开"图层样式"对话框，勾选"外发光"复选框，使图层2的矩形产生阴影效果；勾选"渐变叠加"复选框，使图层2的矩形产生白色到透明的渐变效果；勾选"描边"复选框，为矩形添加1像素的#FFFFFF白色描边，其参数设置如图2-36～图2-38所示。设置完成后单击"确定"按钮，效果如图2-39所示。

▶▶ 图2-36　设置"外发光"参数

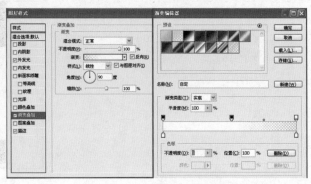

▶▶ 图2-37　设置"渐变叠加"参数

▶▶ 图2-38 设置"描边"参数

▶▶ 图2-39 图层2样式效果

Step02 激活工具箱中的"文字工具",在图层2的矩形上输入文本,文字参数设置如图2-40所示。然后双击文本图层,设置如图2-41所示的"投影"样式,单击"确定"按钮,导航栏的效果如图2-42所示。

▶▶ 图2-40 输入文本

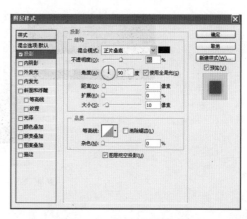

▶▶ 图2-41 设置"投影"参数

▶▶ 图2-42 投影效果

Step03 设置前景色为#D6D6D6,新建图层并命名为形状1,激活工具箱中的"直线工具",在其属性栏上单击"填充像素"按钮,绘制一条1px的分割线,效果如图2-43所示。

▶▶ 图2-43 绘制分割线

Step04 激活工具箱中的"橡皮擦工具",设置直径为65px,硬度为0%,在直线的两端轻轻擦除,从而将分割线两端虚化,效果如图2-44所示。

Step05 复制图层形状1四次,将复制的分割线移动到合适的位置上,效果如图2-45所示。

▶▶ 图2-44 虚化分割线   ▶▶ 图2-45 复制分割线

Step06 制作鼠标悬停效果。设置前景色为#E7E7E7,新建图层3并在导航文本"Layout"的上方绘制矩形。然后在"图层"面板上,将图层3拖曳到导航文本图层的下方,效果如图2-46所示。

▶▶ 图2-46 绘制矩形悬停

Step07 双击图层3,打开"图层样式"对话框,勾选"描边"复选框。将图层3的颜色设置为#797979的1像素的描边宽度,效果如图2-47所示。

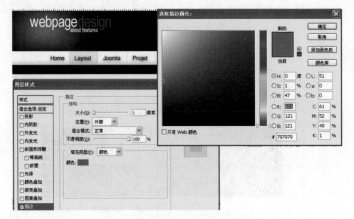

▶▶ 图2-47 设置"描边"参数

Step08 在导航栏下方的黑色色条上输入子导航文本；字体、字号、颜色设置如图2-48所示。

▶▶ 图2-48 输入文本

Step09 在子导航文本中插入同导航栏效果一致的分隔线，效果如图2-49所示。在"图层"面板上新建文件夹并命名为Navigation bar，将导航栏部分所有图层拖曳到文件夹Navigation bar中。再次新建文件夹并命名为top，将文件夹logo和文件夹Navigation bar拖曳到文件夹top中。

▶▶ 图2-49 插入分隔线

4．页中部分

页中部分可以根据网站的需要进行扩展，子网的页中部分会因为内容的需要对栏目进行调整。

Step01 首先根据设计草图，利用辅助线将页中部分分区。将页中部分分成上、中、下三部分（part 1、part 2、part 3），如图2-50所示。

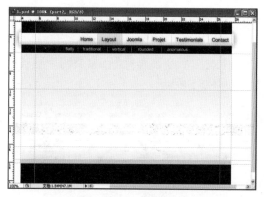

▶▶ 图2-50 划分区域

Step02 绘制页中的Banner区域。在国际上有Banner的通用尺寸，特别是大型综合网站和商业网站的Banner都会遵循这个约定，部分个人网站或没有商业广告投放的网站不受此制约。Banner可以是图片或者交互式图片，也可以是Flash动画。

Step03 激活工具箱中的"矩形工具"，新建图层并在part 1的中间部分绘制白色矩形。尺寸比准备好的Banner长、宽各多两个像素。双击打开"图层样式"对话框，勾选"描边"复选框，设置大小为1像素，位置为外部，填充颜色为#E1E1E1，效果如图2-51所示。

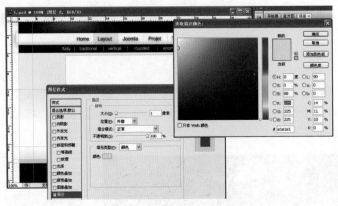

▶▶ 图2-51 设置"描边"参数

Step04 在Banner的左侧，绘制颜色为#FFFFFF的白色矩形，同样方法，打开"图层样式"对话框，勾选"描边"复选框，设置颜色为#7A7A7A，part 1的分区效果如图2-52所示。

Step05 新建图层，将Banner（素材s-1）放置在预留的矩形位置内，打开"图层样式"对话框，勾选"描边"复选框，设置一个1像素的描边效果，颜色设置为#424242，效果如图2-53所示。

▶▶ 图2-52 描边效果1

▶▶ 图2-53 描边效果2

Step06 将准备好的4张素材图片（s-2～s-5）放置在Banner的右侧，可以在后期制作交互式图片时添加链接。在"图层"面板中的Banner图层上右击，在弹出的快捷菜单中执行"复制图层样式"命令，再粘贴到4个图片图层中，给4个图片添加一个1像素的描边，效果如图2-54所示。

▶▶ 图2-54 描边效果3

Step07 在part 1的左侧矩形栏中输入文本。在新建图层上绘制橙色圆点，并复制图层，在每行文字前放置一个橙色圆点，效果如图2-55所示。

▶▶ 图2-55 绘制左侧内容

Step08 在"图层"面板上新建组1文件夹，将圆点图层和其副本都拖曳到组1文件夹中，此时"图层"面板如图2-56所示。

Step09 将part 1和part 2之间的辅助线向下拖曳，准备在part 1和part 2之间绘制一个分割线。激活工具箱中的"直线工具"，颜色设置为#E7E7E7，绘制一条和页头部分同宽的1像素直线，效果如图2-57所示。

▶▶ 图2-56 建立组

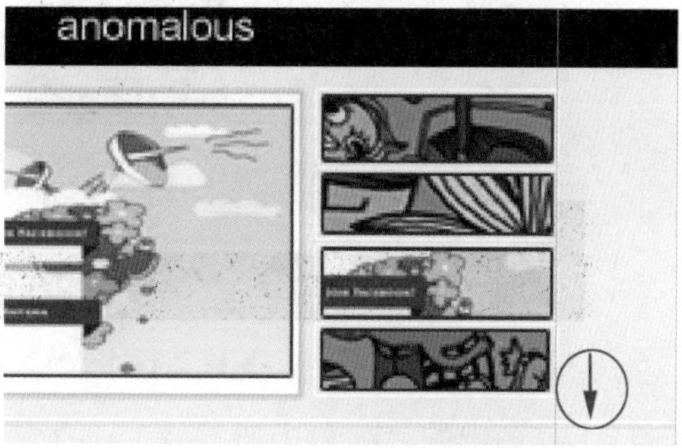

▶▶ 图2-57 绘制分割线

Step10 在"图层"面板上新建组，命名为part 1，将part 1部分包含的所有图层拖曳到该文件夹中。

Step11 在part 2部分绘制白色矩形，将part 2分区。在"图层样式"对话框中勾选"描边"复选框，描边颜色设置为#BEBEBE，大小为1像素，在part 2中绘制灰色#F3F3F3的矩形，描边颜色设置为#BEBEBE，大小为1像素，如图2-58所示。

Step12 在part 2中输入必要的文本并粘贴素材图片（s-6～s-8），微调各个部分的位置，效果如图2-59所示。在"图层"面板上新建文件夹，并命名为part 2，将part 2部分的各个图层拖曳到文件夹中。

▶▶ 图2-58 描边效果

▶▶ 图2-59 输入文字并微调位置

Step 13 将前景色设置为#EBEBEB，在part 3部分绘制一个矩形。然后新建图层，在part 3的矩形中绘制同导航栏效果一致的分割线，将part 3划分为五部分，效果如图2-60所示。

▶▶ 图2-60　绘制分割线

Step 14 在part 3中输入必要的文本，效果如图2-61所示。

▶▶ 图2-61　输入文本

Step 15 激活工具箱中的"圆角矩形工具"，在其属性栏上单击"填充像素"按钮，设置半径为5px，新建图层，在part 2与part 3之间绘制一个圆角矩形，颜色设置为白色#FFFFFF，效果如图2-62所示。

▶▶ 图2-62　绘制圆角矩形

Step 16 双击该图层，打开"图层样式"对话框，勾选"内阴影"和"描边"复选框。"内阴影"参数设置如图2-63所示，描边颜色设置为#C8C8C8，大小为1像素。

Step 17 新建图层，在圆角矩形右边绘制一个矩形按钮，双击该图层，打开"图层样式"对话框，勾选"渐变叠加"和"描边"复选框。设置#D4D4D4到白色的渐变效果，设置描边颜色为#B0B0B0，大小为1像素，效果如图2-64所示。

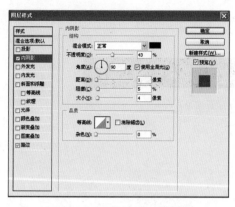

▶▶ 图2-63 设置"内阴影"参数　　　　　　　　▶▶ 图2-64 样式效果

Step⑱ 在矩形按钮上输入"搜索"，双击该图层，打开"图层样式"对话框，勾选"投影"等复选框，参数设置如图2-65所示。

Step⑲ 在"图层"面板上新建文件夹并命名为part 3，将part 3上的所有图层拖曳到part 3文件夹中，part 3部分制作完成，效果如图2-66所示。

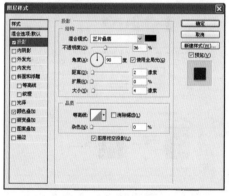

▶▶ 图2-65 设置"投影"参数　　　　　　　　▶▶ 图2-66 完成效果

5. 页脚部分

Step① 新建图层并命名为line，在页脚上绘制一条颜色为#828282的1像素宽的线条，效果如图2-67所示。

▶▶ 图2-67 绘制线条

Step02 在图层line上方输入文本，在下方按标准格式输入版权信息，效果如图2-68所示，整个页面设计完成。

▶▶ 图2-68　输入版权信息

实践与提高 2

1．简述网页版式设计应遵循的原则。

2．试分析图2-69～图2-73所示的网页标题设计的特点。

▶▶ 图2-69　网页标题1

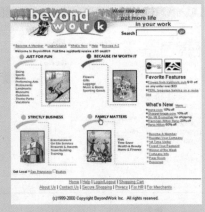

▶▶ 图2-70　网页标题2

▶▶ 图2-71　网页标题3

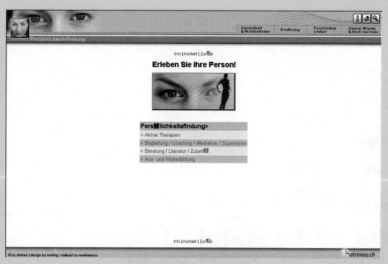

▶▶ 图2-72 网页标题4

▶▶ 图2-73 网页标题5

3．利用在第1章中设计好的Logo，为自己的主页设计两三个标题。

第3章
网页创意与规划设计

  网页是信息传播的媒体，但又不同于传统媒体，它有自己的特殊性。网页具有交互性、多维性、整合性、不确定性等特点，网页的超级链接功能也使它比传统媒体更具吸引力。

  一个成功的网站离不开周密的前期规划，就像去一个陌生的地方前一定要规划好路线一样，否则就有可能迷失方向。

3.1 为网站制定目标

网站制定的目标可分为长期目标和短期目标，长期目标是一个战略性的指导方向，而短期目标的实现直接关系到企业的利益，因此短期目标的制定更为关键。

3.1.1 对市场的预测和分析

建立网站前的市场分析通常要了解相关行业的市场是怎样的，有什么样的特点，是否适合在互联网上开展公司的相关业务，还要分析竞争对手的网站内容、功能和作用等，根据公司自身的条件分析公司的概况和市场优势。当然这些工作可能不需要设计者亲自去做，大的公司会有专门的部门去做市场调研，但是，作为设计者必须仔细阅读委托方提供的这些相关资料，否则设计出的作品可能与实际情况大相径庭。

3.1.2 网站的项目规划与组织

如果已经了解了公司自身的状况、优势等信息，接下来就要考虑如何建立行业门户网站。根据公司的需要和规划来确定网站的功能是电子商务类型、产品宣传类型，还是其他类型等。

1. 项目规划

规划和设计是网站设计的前提条件。设计者必须认真对待网站开发规划，这样才能使网站的建设禁得起时间的考验。这一阶段可称为项目规划阶段。

1）确定网站类别

本阶段，首先要明确建立站点的目的，也就是先搞清楚要建立的网站类别属于以下哪种。

（1）个人主页类。发布个人信息，提供个人服务，展示个性，同别人广泛地交流，如共享业余爱好等。如图3-1所示是提供设计服务的极富个性化的个人主页。

▶▶ 图3-1 个性化主页

（2）电子商务类。首先，有利于树立企业的形象。目前国内很多大企业都非常重视企业形象这种无形资产，建立企业网站是宣传的重要手段。拥有国际域名和主页代表了企业的实力、规模和品位。其次，公司可以利用网页的实时性为客户提供更好的服务，如提供产品目录、实现网上购物、提供技术支持信息、即时解答客户问题等，同时还可以降低开支，减轻客户支持部门的负担。再次，在网上发布广告，其优势也是一般媒体所不能比拟的。如图3-2所示为中国工商银行在自己的主页（局部）上提供的诸多服务。

▶▶ 图3-2　中国工商银行主页（局部）

（3）电子出版类。电子出版物内容的更新、传递的速度比传统报纸杂志快捷，影响更广泛。如图3-3所示为在线书籍的更新、出售和推广的网站主页（局部），深得读者喜爱。

▶▶ 图3-3　在线书籍主页（局部）

（4）社区服务类。通过邮件列表、新闻组、聊天室和电子公告牌促进社区人员的信息交流，为背景和地址各不相同的人提供活动的场所。

（5）网上教育类。远程教育、终身教育和开放式教育都因此而变为现实。这样的站点靠的是内容而不是华而不实的设计技巧来吸引浏览者。需要注意的是，儿童教育站点又有其特定性，设计者必须考虑到孩子们的喜好。如图3-4所示，儿童教育网站紧紧围绕儿童对色彩、图形的喜爱展开设计，整个页面明亮、欢快。

▶▶ 图3-4 儿童教育网站

（6）休闲娱乐类。包括影视站点、音乐站点、旅游站点、游戏站点等，为浏览者提供休闲娱乐的场所。这类网站要求设计者能够提供各种多媒体信息，因而要体现灵活的设计思想，如图3-5所示的网站以影视娱乐为主要展示目标。

▶▶ 图3-5 某影视娱乐网站

（7）艺术欣赏类。如何把作品的含义表达给浏览者，是艺术站点应该考虑的问题。因此，设计者应该与艺术家保持良好的沟通。另外，准确地运用多媒体技术也是设计好艺术站点的关键。如图3-6所示的页面简洁明了，几个简单的色块将页面划分为3个区域，功能明确，直观地传达了作者的艺术创作思想。

▶▶ 图3-6　某艺术品网站

（8）搜索引擎类。大型搜索引擎可以帮助浏览者在整个网络中查找信息。大家比较熟悉的有Google、Yahoo、Infoseek、百度、搜狐等。小型搜索工具安装在地区或单独的站点上，可以帮助浏览者查找站内的信息。这些强大的功能都需要大型数据库的支持。

（9）综合服务类。在网上很多大型网页属于各种类型混合的站点。例如，绝大多数综合性网页都提供个人主页空间、免费电子信箱、休闲娱乐、艺术欣赏、搜索引擎的服务。有的社区站点里还设有二手货市场，巧妙地把社区服务和电子商务结合起来。

网页设计的目的就是满足浏览者的需求。在进行网页设计时，设计者应该明确知道来这个"房间"访问的人都想得到什么。要考虑到服务对象的技术背景、受教育程度、阅读能力、兴趣爱好、消费习惯、上网方式等，然后才能选择相应的页面内容和形式。每一个网页设计都是一次机遇和挑战，设计者必须在规划阶段就认真地为浏览者考虑提供哪些适宜而有趣的服务，以便迎来"回头客"。

2）确定建站位置

把网站建在哪里，也是个很重要的问题。这涉及网络的类型，网络的类型大体分为3种：Internet、Intranet和Extranet。建立在Internet上的站点可以被公众访问，它的用户可以是Internet上的任何一位漫游者。Intranet是内部网络，主要为大企业或大机构的内部交流服务，它与面向公众的Internet站点不同，它的访问是受控制的。Extranet站点是一种介于自由Internet和私有Intranet之间的独特环境，假定这个Extranet站点由一家企业建造，那么，它既要使消费者得到最准确的公开数据，又要防止竞争对手看到企业内部的核心机密。

作为设计者，应根据网站规模的大小、资金投入的多少、预测的访客流量、浏览者访问方式等因素，做出自己的选择。作为公司和组织可以通过自己建立WWW服务器、由电信部门托管和租用ISP的空间等方式设立站点。此外，还要申请一个简单、易记、具有标识意义的域名。因为好的域名有助于品牌的确立，它的重要性与企业名称和企业标识不相上下。对于个人主页，国内外有很多服务商提供免费的主页存放空间，对个人用户来说，这无疑是个好的选择。

为了明确地描述以上信息，需要形成一份书面报告。报告的内容应包括：网页的主题，设计师是否熟悉这个主题，现有的竞争性站点和互补性站点的情况，同类站点在哪些方面考虑得不周到或做得还不够好，本站点的独到之处，设计目的和原则，主要面向的人群，潜在的浏览者的情况（诸如技术背景、学历、兴趣和所关心的内容等），浏览者访问了站点后会做什么，会给他们带来怎样的影响等。客观地完成这份报告后，就可以开始内容的组织了。

2．内容组织

无论设计一个什么样的站点，内容的组织都将是最大的挑战。这包括3个方面的工作：搜集、筛选内容，组织内容，编写脚本。

1）搜集、筛选内容

在这一阶段，搜集到的信息越多越好。然后按照项目规划来分析这些信息。分析包括以下几项。

（1）目前可以使用什么信息？

（2）以后可以使用什么信息？

（3）什么样的信息适用于今天的浏览者？

（4）什么样的信息可以用来吸引潜在用户？

为了更好地准备站点内容，必须掌握以下情况：目前拥有哪些资料；现有资料能否实现设计的意图；如果能，那么哪些是需要的，哪些是不需要的；还有哪些资料没有搜集到。除此之外，还要注意访问权限的问题：哪些内容是希望所有的人都看到的（Internet），哪些信息是限于公司或组织内部人员交流的（Intranet），哪些是允许特定的用户访问的（Extranet）。

2）组织内容

梳理清楚上述问题以后，就可以进行第二步组织内容这一阶段的工作了。主要工作是要求设计者把搜集到的信息用清晰明确的文字表达出来。设计人员可以运用一些语言技巧，确保浏览者能够准确且迅速地理解网页所要传达的意图。

网页的内容收集完成后，要经过重新组织安排。网页写作不同于为传统媒体（书籍、报刊等）写作，Alertbox的作者Jakob Nielsen说："以浏览代替阅读是Web世界中已经被证实的无可否认的事实。站点的作者们必须了解这一事实……"

网页文章长度应该为印刷文章长度的一半，因为人们阅读网页时的注意力远不如阅读报刊时集中，这使网页写作成为一项新技能。为了使人们注意到网页上发布的信息，就必须用一种新的方法进行写作。

由于大多数人只为传统媒体写过文章，要打破旧习惯是很难的。但网页的特殊性要求设计者必须适应新的写作方式。专家建议，为网页所写的内容应简洁明快，以大纲形式提出，并且不使用商业措辞，应该把网页中的更多空间留给要发布的实际内容，以及导航菜单、广告、图形等。

设计者可以使用突出显示的文字，将段落限制为表达一个中心思想，并将所有内容全部放入公告牌和列表中。使用项目和编号列表也可以突出文章的要点，拓展视觉空间，从而使页面更加简洁。

在组织内容时还应注意以下问题。

（1）建立可信度：研究表明，浏览者普遍认为那些经过专业设计的网站信息更为可靠。因此，管理者应仔细去除排版错误，并且经常更新站点上的信息。另外，添加一些与其他网站的链接，也有助于提高可信度。

（2）减少商业味道：浏览者讨厌那些免费的、自我吹嘘的商业信息。Nielsen说："他们真正想要的是铁的事实，而不是那些自吹自擂的信息"。

（3）采用倒金字塔形式：冗长的内容，会使大多数浏览者放弃阅读。因此，建议将结论放在开头——首先列出最重要的信息，再予以进一步的说明，分层次地传达所要表达的信息。

（4）用超级链接缩短长度：由于文章力求简洁，所以不必向浏览者解释那些不重要的想法。这时，可以在这些文字中添加超级链接，以转到其他辅助条目、相关文章或其他站点，由浏览者自己选择是否要打开这些超级链接，获得他们感兴趣的信息。超级链接是缩短长文章的有效途径。

（5）去掉不必要的图形：由于网页受下载时间的限制，所以不要让读者等待下载图形和大页面。有人统计，大多数人等待页面出现的时间在6~8s，如果加载时间在8s以上，除非对他们来说是非常重要的信息，否则会离开那个页面。8s是一个临界值。

（6）并不是信息越多越好：真正重要的不是为浏览者提供更多的信息，而是为他们提供更有用的信息。信息究竟多少才是过多了呢？这主要取决于要表达的对象的具体情况，但作为一条通用的规则，不应让浏览者在读到文章末尾前向下滚动三屏以上。

3）编写脚本

确定内容后，就要编写脚本。在大型网页设计中，脚本有助于设计人员之间的交流。它通常包含这样几个方面：首先，将内容分类列表，把各个项目分成逻辑组，写出页的总体结构（树形结构）；其次，确定各页的主题、包含的内容，以及各页之间的结构和隶属关系；最后，设计者还要考虑树形结构之外的交叉链接关系。

编写脚本时，应注意的问题是，控制每一个页面的信息含量。信息太多可分为几页显示，信息太少时则予以合并。内容的组织结构已在前文中阐述过，对于不同的内容，应采用不同的结构形式，避免千篇一律。

如果网页是由几个工作小组分工完成的，则可以根据内容和主题，将网页分成几个子项目。设计规划人员负责对各个子项目进行审查，以保证各项目在风格上一致。

3.1.3　网站建设

网站的建设可以按照以下步骤进行。

1. 设定网站导航、栏目

门户网站信息量巨大，导航内容、栏目较多，因此要事先对访问者希望阅读的信息进行调查，不实用的信息无法吸引匆匆浏览的访客，丧失被访问的机会。而企业网站的信息量相对少一些，导航和栏目的划分也有规律可循，一般来说包括公司简介、服务内容、产品展示、产品价格、联系方式、网上订购等基本内容。如果是电子商务网站，就要提供会员注册、信息搜索查询、详细的商品服务信息等。

知识链接

门户网站和企业网站的差异很大，无论是网站赢利方式还是具体的视觉设计表现都存在差异。门户网站倾向信息的传递，网页设计通常干净利落、简洁明快；而企业网站倾向于推广公司形象、宣传和表现产品，因此对视觉设计的要求更严格。

2. 网页设计

网页设计涉及色彩和画面构成等视觉元素，网页的配色通常和企业标准色保持一致。

有些优秀的绘画作品，是在创作者们强烈的创作欲望驱使下，没有计划、没有尺度，仅仅靠着巨大的热情和无法抑制的创作渴望，通过疯狂地涂抹画布来完成的。这种方法对网页设计者来说，可以作为一种有趣的创作方法偶尔一试，但对商业设计来说，由于缺乏计划性、准确性、整体性，会成为设计师通往成功道路上的障碍。

知识链接

设计初期通常希望大家抛开网页的约束，在画布上挥洒自己的激情，但这是用来发掘设计师的创新意识和设计潜能的。作为网页设计师，必须先思而后行。

当在脑海里有了整个页面的大体构思时，可以用纸笔把它粗略勾画出来。先不要考虑它是否可行，也不要考虑HTML代码等各种限制，这只是充分发挥创意的阶段。草图完成之后，就可以上机启动Photoshop或其他图像处理软件，打开一个长、宽尺寸大约为995像素×618像素的新文件，作为页面设计区。然后，在各个图层上绘制网页图形，安排文字，根据草图和头脑中的设想制作出实际页面的效果图。

在设计网页的过程中，还需要根据设计者的构想，制作多媒体文件，由专业的程序设计人员编制相应的程序等，以实现网页的交互性。如果站点在风格上有很好的一致性，在功能上有强大的交互性，就会给访问者留下深刻的印象。

3．测试发布

测试发布包括完整性测试和可用性测试两部分。完整性测试确保技术上的正确性。例如，页面显示是否无误，链接指向的地址是否正确等。可用性测试确保页面内容是浏览者所需的，符合最初的设计目标。经测试满意后，就可以上传到Web服务器发布了。

4．后期维护

网站的后期维护包括相关软件、数据库的维护及网站内容的更新和调整等。

5．网站推广

设计师或许认为，站点的推广不是设计人员的工作。为什么要在一本讨论网页艺术设计的书中介绍站点推广的内容呢？答案很简单，Web的动态发布和即时交互性，使网页设计成为一个循环的过程。站点推广，也是网页设计整个过程中的一个环节，它拓宽了获得反馈信息的渠道，并将打开浏览者通往你的站点的大门。

关于站点推广有两个常见的误区，一是在站点还没有完工之前就迫不及待地推广它。如果访客看到宣传来到你的站点，结果看到一个内容不完整，到处写着"正在建设"的网页，他们往往会失望地离开，并且不愿意再来。另一个常见的误区是，认为没有必要做站点推广。许多人认为只要发布了站点，自然就会有人来访问。但事实上，万维网（WWW）站点如此众多，如果没人知道你的站点地址，它就是一座"信息孤岛"。

那么，如何推广呢？可以通过两种途径：传统的广告和Internet宣传。

（1）利用传统的广告。

设计师可以在传统媒体上做广告，如广播、电视、报刊、黄页电话簿、分发的广告页、广告牌、灯箱、招贴、海报等。平时，注意把网页地址（URL）当做公司或组织的通信地址一样来对待，放在任何可以放置的地方，包括企业的产品手册、信笺、名片等细微的地方。

（2）利用Internet宣传。

① 到各搜索引擎注册、登记。

② 参加广告交换组织。

③ 参与论坛、新闻组的讨论。

④ 雇用专门机构进行宣传。

⑤ 通过与其他网页互换首页链接，在电子刊物上发布广告等。

6．反馈评估

站点推广工作并不是网页设计的最后阶段。网页不同于传统媒体之处，就在于信息的更新频率高和信息传播主客双方互动即时。因此，发布之后并非万事大吉。网页设计人员必须根据用户的反馈信息经常地对网页进行调整和修改，定期或不定期地增加新的内容。

获得用户反馈的渠道很多，如留言本、论坛、调查表、访客情况统计、计数器等。如果拥有自己的Web服务器，还可以通过检查日志文件了解网页被访问的情况。国内外有很多提供访客统计服务的网站，它们提供各种统计数据，包括访客的IP地址，访客的国别，来自哪个网页，来访时间，按日、周、月统计的访问量等。这些数据对于设计者分析访客群体的人员构成、兴趣爱好，以及网页受欢迎程度等很有帮助。

3.1.4 改版案例制作

图3-7是荣海投资管理有限公司（以下简称荣海财富）的现有网站主页，图3-8则是根据荣海财富网站提供的征集要求设计的首页改版效果。

▶▶ 图3-7 荣海财富的现有网站主页

▶▶ 图3-8 荣海财富改版网页

该网页设计着重体现了金融服务行业的特点和荣海财富的公司文化——专业、严谨、不浮夸。首页围绕着3个板块：理财、借款、加盟进行设计。版式条理清晰，颜色简洁明快。白色和红色的搭配干净利落并且充满热情。

1. 设计制作页头部分

Step01 打开Photoshop软件，根据设计需要，确定页面尺寸和分辨率，打开标尺工具，根据布局草图在页面上拖曳出辅助线，确定布局的基本效果，如图3-9所示。

Step02 将素材（s-1）复制至Banner位置，效果如图3-10所示。

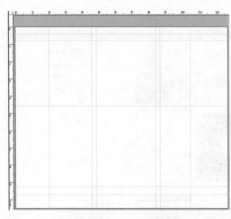

▶▶ 图3-9 新建文件

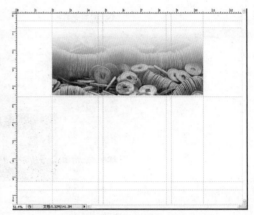

▶▶ 图3-10 复制素材

Step03 将荣海财富的Logo素材（s-2）复制至页头位置，调整大小及位置，效果如图3-11所示。

Step04 新建图层，设置前景色为#A62129，激活工具箱中的"直线工具"，在其属性栏上单击"填充像素"按钮，绘制一条1像素的水平线，放置在Logo的下方，效果如图3-12所示。

Step05 激活工具箱中的"文字工具"，选择字体为FZQJW GB10，颜色设置为#404040，输入"全国加盟咨询服务热线："，效果如图3-13所示。

▶▶ 图3-11 复制Logo

▶▶ 图3-12 绘制水平线

▶▶ 图3-13 输入文字

Step 06 新建图层，激活工具箱中的"圆角矩形工具"，在其属性栏上单击"填充像素"按钮，选择颜色为#A62129，设置圆角半径为10像素，绘制一个圆角矩形，效果如图3-14所示。

Step 07 激活工具箱中的"文字工具"，选择字体为FZQJW GB10，颜色设置为#FFFFFF，输入"400-066-0608"，如图3-15所示。调整各个图层的位置，在"图层"面板上新建组，命名为Logo部分，将Logo部分的图层拖曳到Logo部分文件夹中。

▶▶图3-14　绘制圆角矩形　　　　　　　　▶▶图3-15　输入文本

2．制作主导航栏

页头的主导航栏部分的设计内容由3层导航组成：黑色导航条、子导航和页头最上方的导航文本。在子页面的设计中将始终这一部分保持不变。

Step 01 新建图层，激活工具箱中的"圆角矩形工具"，在其属性栏上单击"填充像素"按钮，设置前景色为#202020，圆角半径为50像素，绘制如图3-16所示的黑色导航条。

Step 02 双击该图层，打开"图层样式"对话框，勾选"投影"复选框，设置颜色为#000000，模式为正常，不透明度为64%，角度为90度，距离为7像素，大小为10像素，扩展为0%，单击"确定"按钮，如图3-17所示，给黑色导航条制作一个投影效果。

Step 03 激活工具箱中的"文字工具"，选择字体为FZQJW GB10，选择颜色为#FFFFFF，输入"首页"等文字，调整文字大小，效果如图3-18所示。

▶▶图3-16　绘制导航条　　　　　　　　　▶▶图3-17　制作投影效果

▶▶图3-18　输入文本

Step04 制作黑色导航条中的分割线。新建图层，激活工具箱中的"画笔工具"，设置前景色为#FFFFFF，按快捷键【F5】，打开"画笔"面板，如图3-19所示，调整笔尖形状和大小，调整间距在200%以上，按住【Shift】键绘制一条垂直虚线，效果如图3-20所示。

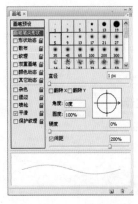

▶▶ 图3-19　设置画笔

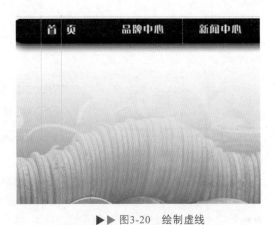

▶▶ 图3-20　绘制虚线

Step05 选中该图层，右击，在弹出的快捷菜单中执行"复制"命令，复制该图层4次，将复制的分割线调整至合适的位置。效果如图3-21所示。

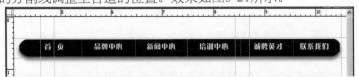

▶▶ 图3-21　复制分割线

Step06 制作导航栏的鼠标悬停效果。激活工具箱中的"文字工具"，选择字体为黑体，设置颜色为#4E4E4E，在导航栏"新闻中心"的下方输入"企业新闻"、"政策法规"、"贷款新闻"，调整文字大小，效果如图3-22所示。

Step07 激活工具箱中的"铅笔工具"，在文字前绘制一条1像素，颜色为#4E4E4E的虚线；前景色设置为#424242，在黑色导航条的下方水平绘制一条黑色直线；激活工具箱中的"椭圆选框工具"，按住【Shift】键，在文本"企业新闻"前绘制一个圆形并填充颜色#333333，效果如图3-23所示。

▶▶ 图3-22　输入文本

▶▶ 图3-23　绘制直线与圆形

Step 08 激活工具箱中的"文字工具"，设置字体为黑体，颜色为#343333，在黑色导航条的上方输入导航文本"设为首页　加入我们　　联系我们"，效果如图3-24所示。

▶▶ 图3-24　输入导航文本

Step 09 新建图层，激活工具箱中的"铅笔工具"，前景色设置为#6C6C6C，按住【Shift】键，绘制垂直短线，作为导航文本"设为首页　　加入我们　　联系我们"的分割线，效果如图3-25所示。

▶▶ 图3-25　绘制分割线

Step 10 激活工具箱中的"文字工具"，设置字体为hzgb，颜色为#424242，在黑色导航条的下方输入文本"News Center"，效果如图3-26所示。

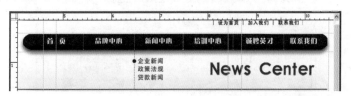

▶▶ 图3-26　输入导航条下方的文本

Step 11 在"图层"面板上新建文件夹，命名为第一导航，将制作页头导航部分的图层拖曳到文件夹中，整个页头部分的效果如图3-27所示。

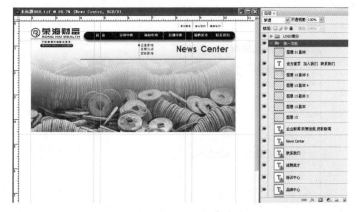

▶▶ 图3-27　页头部分的效果

3. 制作Banner上的导航

Step01 新建图层，激活工具箱中的"圆角矩形工具"，半径设置为20像素，绘制一个圆角矩形，打开"图层样式"对话框，勾选"渐变叠加"复选框，设置渐变色为#616161—#A2A2A2。然后勾选"描边"复选框，设置颜色为#959595，宽度为3像素。单击"确定"按钮，给圆角矩形设置一个灰色描边，如图3-28所示。

▶▶ 图3-28 绘制圆角矩形并设置描边

Step02 继续打开"图层样式"对话框，如图3-29所示，勾选"投影"复选框。设置混合模式为正片叠底，颜色为#000000，不透明度为75%，角度为90度，距离为5像素，大小为5像素，扩展为0%。

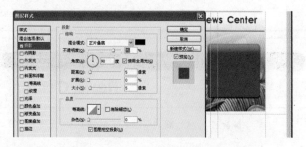

▶▶ 图3-29 设置"投影"参数

Step03 复制该圆角矩形图层，改变渐变颜色，设置渐变色为#787878—#ABABAB，其他参数不变，如图3-30所示。

▶▶ 图3-30 设置渐变色

Step 04 新建图层，设置前景色为#FFFFFF。激活工具箱中的"椭圆选框工具"，按住
【Shift】键，绘制圆形并填充前景色，效果如图3-31所示。

Step 05 复制圆角矩形的图层样式参数并粘贴图层样式至白色圆点图层，然后用同样的方
法完成左边的圆角矩形，效果如图3-32所示。

▶▶ 图3-31 绘制圆形效果　　　　　　　　▶▶ 图3-32 复制图层样式

Step 06 激活工具箱中的"文字工具"，设置字体为FZQJW GB10，颜色为#FFFFFF，在
圆角矩形上输入标题文本。设置字体为黑体，颜色为#FFFFFF，输入说明文本，
效果如图3-33所示。

Step 07 将素材（s-3）复制至文件中，调整位置及大小，效果如图3-34所示。

▶▶ 图3-33 输入标题文本　　　　　　　　▶▶ 图3-34 复制素材

Step 08 将素材（s-4）复制至文件中，调整位置、大小及不透明度。在"图层"面板新建
文件夹，命名为导航2右，将Banner图片右侧的图层拖曳到文件夹中，效果如
图3-35所示。

▶▶ 图3-35 新建组

Step 09 制作Banner上的左侧文字导航。新建图层，激活工具箱中的"矩形选框工具"，前景色设置为#000000，绘制一个黑色矩形，效果如图3-36所示。

Step 10 在"图层"面板上将该图层的不透明度调整为7%，效果如图3-37所示。

▶▶ 图3-36　绘制黑色矩形

▶▶ 图3-37　调整不透明度

Step 11 激活工具箱中的"文字工具"，设置字体为FZQJW GB10，颜色分别为#A62129、#FFFFFF，在左侧导航上输入文本，效果如图3-38所示。

Step 12 新建图层，激活工具箱中的"直线工具"，在其属性栏中单击"填充像素"按钮，设置粗细为3像素，前景色为#FFFFFF，在如图3-39所示的位置绘制线段。

▶▶ 图3-38　输入左侧导航文本

▶▶ 图3-39　绘制线段

Step 13 新建图层，激活工具箱中的"直线工具"，设置前景色为#F6080B，在其属性栏中单击"填充像素"按钮，设置宽度为3像素，绘制"+"图标，效果如图3-40所示。

Step 14 激活工具箱中的"文字工具"，设置字体为黑体，颜色为#A62129，在如图3-41所示的位置输入子导航文本。

Step 15 新建图层，激活工具箱中的"直线工具"，在其属性栏中单击"填充像素"按钮，前景色设置为#FFFFFF，宽度设置为1像素，在白色导航文本的下方绘制白色直线，效果如图3-42所示。

▶▶ 图3-40　绘制图标

▶▶ 图3-41　输入子导航文本

▶▶ 图3-42　绘制直线

Step⑯ 新建图层，激活工具箱中的"矩形选框工具"，在导航底部绘制矩形，设置渐变色为#9C192A—#FFFFFF—#7F2824，填充效果如图3-43所示。

Step⑰ 新建文件夹，命名为导航2，将Banner图层和左侧导航栏的所有图层拖曳到文件夹导航2中。此时页面效果如图3-44所示。

▶▶ 图3-43 绘制矩形

▶▶ 图3-44 页面效果

4. 根据草图设计制作页中部分

页中部分主要体现在按钮设计上（见第1章按钮设计），文字部分及其他部分不再赘述，效果如图3-45所示。

▶▶ 图3-45 局部效果

5. 设计制作页脚部分

Step① 新建图层，激活工具箱中的"矩形选框工具"，前景色设置为#F2F2F2，在页脚位置绘制矩形并填充灰色，效果如图3-46所示。

Step② 激活工具箱中的"文字工具"，颜色设置为#121212，输入"关于荣海 联系我们 招贤纳士 合作伙伴"，效果如图3-47所示。

Step**03** 新建图层，激活工具箱中的"直线工具"，在其属性栏中单击"填充像素"按钮，设置前景色为#121212，宽度为1像素，绘制如图3-48所示的分割线。

Step**04** 激活工具箱中的"文字工具"，设置字体为黑体，颜色为#121212，输入版权信息"京ICP证100777号 京公网安备1101055555CreditEase©2012荣海投资管理（北京）有限公司"，效果如图3-49所示。

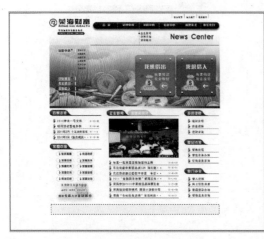

▶▶ 图3-46 绘制矩形

▶▶ 图3-47 输入文字

▶▶ 图3-48 绘制分割线

▶▶ 图3-49 输入版权信息

Step**05** 在"图层"面板中新建组，命名为页尾部分，将页脚部分的所有图层拖曳到文件夹页尾部分中，最终效果如图3-8所示。

◆ 3.2 网页设计的创意方法

网站的创意是网站的灵魂所在，好的创意可以让访问者印象深刻、过目不忘，使网站充满魅力、个性鲜明。

网页风格和网站创意有直接的联系，网站风格要和网站创意相统一，网页的整体设计风格依靠图形、色彩、文字等元素来表现，不同性质的行业网站应体现出不同的风格类型。儿童最喜欢明快的色彩、卡通图画和跳动的节拍，因此，儿童网站在设计风格上一定要体现儿童的心理。如图3-50、图3-51所示为儿童网站主页。

"创意"一词源于英文的Creation Idea，意为"具有创造性的意念"。创意是人类特有的思维活动，创意是设计师灵感的火花，创意是人类智慧凝练升华的结晶，创意是设计师智慧的释放。在网页设计中，创意是产生优秀网页的先决因素，是成功网页的灵魂。一个好的网页应该具备内在的"意"，让浏览者得到美的精神享受。当然，成功的创意是形式与内容、理智与情感、审美与实用的辩证统一。将页面主题的创意与版式设计相结合是现代网页设计的发展趋势。

▶▶ 图3-50 某儿童网站主页1

▶▶ 图3-51 某儿童网站主页2

3.2.1 创意是网页的灵魂

很难想象一个毫无创意的网站能让你长时间停留下去，只有充满趣味和想象力的网站才能吸引更多的访问者，创意就像是网页的灵魂，可以让网站变得生动起来。如图3-52所示，将中国传统的红棉袄与汽车结合在一起，展现春节的喜庆气氛。虽然是汽车的招贴广告，但是这种创意的思想同样对网页创意有帮助。而如图3-53所示的主页、如图3-54所示的链接页面则是采用动画与卡通形象结合的形式吸引用户，页面也因此变得生动有趣。

▶▶ 图3-52　招贴广告

▶▶ 图3-53　某网站的主页

▶▶ 图3-54　某网站的链接页面

3.2.2 网页创意方法

一个优秀的创意需要通过创造性思维才能获得，创造性思维是一种具有创造性意义的思维活动，创造性思维能力的获得要经过长期的知识和经验的积累、智能训练、素质磨砺，创造性思维的过程离不开推理、想象、直觉等思维活动。

创意和创造性思维有着直接的联系，创意是一个创造未知事物的思维过程，创意的获得虽然很复杂，但也有一定的方法和规律可循。下面列出几种常见的方法，供读者参考。

1．联想法

联想是艺术形式中最常用的表现手法。在审美的过程中通过丰富的联想，能突破时空的界限，扩大艺术形象的容量，加深画面的意境。人具有联想的思维心理活动特征，它来自于认知和经验的积累。通过联想，人们在审美对象上看到自己或与自己有关的经验，美感显得特别强烈，从而使审美对象与产品产生美感共鸣，其情感是激烈的、丰富的、合乎审美规律的心理现象。如图3-55所示，页面背景是宽广的沙滩、湛蓝的海水，使人充满无限的遐想，而页面上的每个按钮几乎都与背景有或多或少的联系。

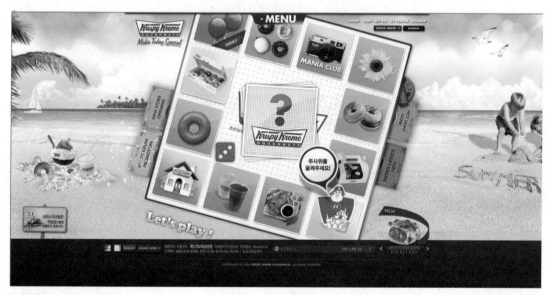

▶▶ 图3-55 联想法

2．对比法

对比是一种趋向于对立冲突的艺术美中最突出的表现手法。在网页设计形式中加入不和谐的元素，把网页作品中所描绘的事物的性质和特点放在鲜明的对照和直接对比中来表现，借此显彼，互比互衬，从对比所呈现的差别中，达到集中、简洁、曲折变化的表现。这种手法可以鲜明地强调或提示网页的特征，给浏览者深刻的视觉感受。对比包括明暗对比（图3-56）、大小对比（图3-57）、粗细对比、主从对比等。

▶▶图3-56　明暗对比法举例　　　　　　　　　　　▶▶图3-57　大小对比法举例

3．夸张法

夸张是创作的基本原则，借助想象，使用夸张的手法能更鲜明地强调或揭示事物的实质，强化作品的艺术效果，是很常用的一种表现手法。但有一点需要注意，夸张要具有合理性。当然，夸张追求的是新奇的变化，通过虚构把对象的特点和个性中美的方面进行夸大，赋予人们一种新奇与变化的情趣。按其表现的特征，夸张可以分为形态夸张和神情夸张两种类型。通过夸张手法的运用，为网页的艺术美注入了浓郁的感情色彩，使网页的特征鲜明、突出、动人。如图3-58所示为通过海洋生物"八爪鱼"说明公司在网页设计方面功力深厚，无所不能。

▶▶图3-58　夸张法举例

4．趣味、幽默法

趣味指网页作品中巧妙地再现喜剧特征，创造出一种充满情趣、能引人发笑而又耐人寻味的意境，引发欣赏者会心一笑。幽默法是指抓住生活现象中局部性的东西，通过人们的性格、外貌和举止的某些可笑的特征表现出来。幽默的表现手法，往往运用饶有风趣的情节、巧妙的安排，把某种需要肯定的事物，无限延伸到漫画的程度。幽默的矛盾冲突可以达到出乎意料，却又在情理之中的艺术效果，引发观赏者会心的微笑，以别具一格的方式，发挥艺术感染力的作用。如图3-59所示是"花生部落"引导页，从语言的运用到人物形象的造型都极具诙谐、幽默感，无不让观者为之心动。

▶▶ 图3-59 幽默法举例

5. 比喻法

比喻法是指在设计过程中选择两个各不相同，而在某些方面又有相似性的事物，"以此物喻彼物"。比喻的事物与主题没有直接的关系，但是在某一点上与主题的某些特征有相似之处，因而可以借题发挥，进行延伸转化，获得"婉转曲达"的艺术效果。与其他表现手法相比，比喻手法比较含蓄隐伏，有时难以一目了然，但一旦领会其意，便能给人以意味无尽的感受，如图3-60所示。

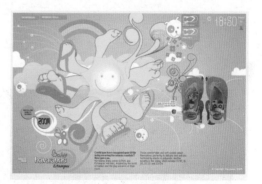

▶▶ 图3-60 比喻法举例

6. 巧设悬念法

巧设悬念法在表现手法上故弄玄虚，布下疑阵，使人对网页乍看不解题意，造成一种猜疑和紧张的心理状态，在浏览者的心理上掀起层层波澜，产生夸张的效果，驱动浏览者的好奇心，开启积极的联想，引发观众进一步探明广告题意之所在的强烈愿望，然后通过网页标题或正文把网页的主题点明出来，使悬念得以解除，给人留下难忘的心理感受。悬念手法有相当高的艺术价值，它首先能加深矛盾冲突，吸引观众的兴趣和注意力，造成一种强烈的感受，产生引人入胜的艺术效果。如图3-61所示，黑色历来被称为神秘而经典前卫的色彩，画面中人物大脑的活动是通过动画表现出来的，周围是飘逸的发丝与发光圆圈，形成一种神秘感。

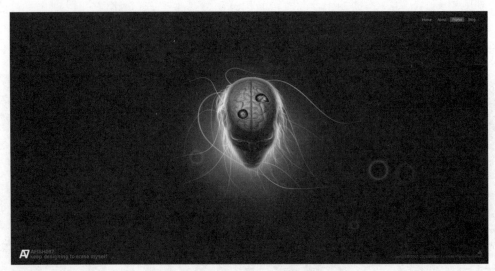

▶▶ 图3-61 巧设悬念法举例

7. 以小见大法

以小见大中的"小"是网页的焦点和视觉兴趣中心，它既是网页创意的浓缩和升华，也是设计者匠心独具的安排，因而它已不是一般意义的"小"，而是小中寓大，以小胜大，高度提炼的产物，是对简洁的刻意追求，以细节见整体。如图3-62所示的网页中，很小的一张图片被分割成上下两部分，恰到好处地将"i"表现出来，而中间人物从视觉上又产生了无限的深远的效果。

▶▶ 图3-62 以小见大法举例

8．情感法

艺术的感染力中起直接作用的是感情因素，而以人为本是使艺术加强传达感情的特征，在表现手法上侧重选择具有感情倾向的内容，以美好的感情来烘托主题。真实而生动地反映这种审美感情就能获得以情动人，发挥艺术感染人的力量。

"以情动人"是艺术创作中奉行的原则，网页设计也同样如此。例如，文字的编排就非常富于情感的表现。它表现在文字空间结构、韵律节奏上。在空间结构上，水平、对称、并置的结构，表现严谨与理性；曲线与散点的结构，表现自由、轻快、热情与浪漫，如图3-63所示。在韵律节奏上，则体现了各种情感动势，如轻快、凝重、舒缓、激昂等，如图3-64所示。

▶▶ 图3-63　情感法举例1

▶▶ 图3-64　情感法举例2

在网页设计中，除了图像本身所具有的情感因素以外，文字的情感表述也占据了重要的地位。

9．偶像法

偶像法的效果非常好，创意的受关注程度和偶像的知名度有关。如图3-65所示为羽坛名将林丹代言的广告。在现实生活中，人们心里都有自己崇拜、仰慕或效仿的对象，而且有一种想尽可能地向他靠近的心理欲求，从而获得心理上的满足。偶像法正是针对人们的这种心理特点运用的。它抓住人们对名人偶像仰慕的心理，选择观众心目中崇拜的偶像，配合产品信息传达给观众。由于名人偶像有很强的心理感召力，故借助名人偶像的陪衬，可以大大加深

▶▶ 图3-65　偶像法举例

产品的印象，提高销售地位，树立品牌的可信度，产生不可言喻的说服力，诱发消费者对广告中名人偶像所赞誉的产品的注意，激发起购买的欲望。

10. 怀旧法

采用怀旧法设计的网页以传统风格和古旧形式来吸引浏览者。这种创意方法适合应用于以传统艺术和文化为主题的网站中，将书法、绘画、建筑、音乐、戏曲等传统文化中独具的民族风格，融入到网页设计的创意中，如图3-66所示。

▶▶ 图3-66　怀旧法举例

11. 时尚法

流行时尚的创意手法是通过鲜明的色彩、单纯的形象，以及编排上的节奏感，体现出流行的形式特征。设计者可以利用不同类别的视觉元素，使浏览者产生强烈的、不安定的视觉刺激，产生炫目感。如图3-67所示，这类网站以时尚现代的表现形式吸引年轻浏览者的注意。

▶▶ 图3-67　时尚法举例

12. 个性法

要想在互联网上无数的网页中脱颖而出，就要采用个性化的设计语言。要求得个性化，设计者可以有意识地摆脱陈旧与平庸的设计模式，追求轻松、诙谐的表现形式，或者通过创造某种神秘、混乱，甚至怪诞的气氛，来表现新颖独特的个性，达到吸引浏览者，引起共鸣，接收信息的目的。

强调个性是一种标新立异。应用趣味图像、动画等传播元素，是获得个性化的有效手段；另外，也可以通过版式设计来营造个性氛围。个性化的版式设计中，图像、文字等多媒体元素本身虽然平淡无奇，但经过巧妙的编排后，能产生令人耳目一新的视觉效果，如图3-68所示。

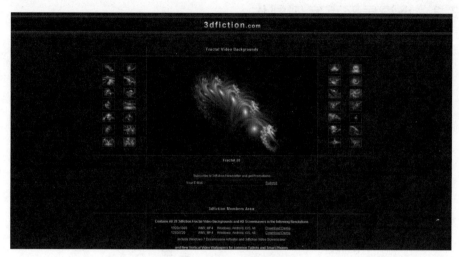

▶▶ 图3-68 个性法举例

13．综合法

综合法是设计中广泛使用的方法，从对各个元素的适宜性处理中体现出设计师的创作意图——追求和谐的美感。在分析各个构成要素的基础上加以组合，使整个界面表现出创造性的新成果，如图3-69所示。

▶▶ 图3-69 综合法举例

总之，在网页设计中，创意是决定设计的倾向、意境、深度的关键。网页设计是一种有目的的创作，这个目的就是创意的出发点和设计的要旨。通常，人们把突如其来的领悟叫做"灵感"。它是由人的记忆力、想象力、创造性思维巧妙结合后迸发的智慧之花。

每位设计者的生活阅历不同、设计经验不同、艺术素养有别、对于事物的喜好各异，造成了灵感的激发点千变万化。通常，由灵感的启示而做出的网页设计，更具有打动人心的力量。作为一名网页设计者，必须善于在日常生活中捕捉稍纵即逝的灵感。

◇ 3.3 小福屋网页案例制作

小福屋网页是VI（Visual Identity，视觉识别系统）设计课的作业——小福屋VI手册（图3-70）的延伸设计创作的一个商业网站。由于在VI的设计阶段成立了VI设计小组，理解消化了MI，完成了对小福屋经营理念、市场的信息反馈等方面的调研工作，因此以下工作主要是网站的界面设计。

▶▶ 图3-70　VI设计手册

3.3.1 建立小福屋网页的模板

首先制作并保存一个模板，为以后的各个链接页的制作提供方便。模板上主要包括页头、页脚部分。而页中部分可以依据每个网页的设计元素进行更改。根据设计的不同，甚至可以保存两个及以上的模板备用。

Step01 根据设计需要，新建文档，设置宽度为768像素，高度为800像素，分辨率为72像素/英寸，色彩模式设置为RGB，背景为白色。

Step02 新建图层，激活工具箱中的"矩形选框工具"，在页头位置绘制矩形，填充颜色为#FC0404，效果如图3-71所示。

▶▶ 图3-71　绘制矩形

Step03 新建图层，激活工具箱中的"直线工具"，在其属性栏中单击"填充像素"按钮，设置前景色为#FC0404，粗细为1像素，在红色矩形的下方绘制一条水平线，效果如图3-72所示。

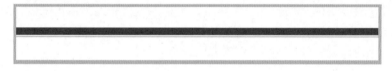

▶▶ 图3-72　绘制水平线

Step04 新建图层，激活工具箱中的"圆角矩形工具"，在其属性栏中单击"填充像素"按钮，设置半径为15像素，前景色为白色#FFFFFF。在新建图层中绘制圆角矩形，效果如图3-73所示。

Step05 双击圆角矩形图层，打开"图层样式"对话框，勾选"投影"复选框，设置混合模式为正常，颜色为黑色#000000，不透明度为40%，角度为120度，大小为5像素。单击"确定"按钮，效果如图3-74所示。

▶▶ 图3-73　绘制圆角矩形　　　　　　　　▶▶ 图3-74　投影效果

Step06 复制并粘贴准备好的Logo。选中Logo图层，右击，在弹出的快捷菜单中执行"转换为智能对象"命令，调整小福屋的标识大小、位置，效果如图3-75所示。

▶▶ 图3-75　复制Logo

Step 07 新建图层，激活工具箱中的"矩形选框工具"，在页头位置的下方绘制一个矩形，填充颜色为#FDF7F4，如图3-76所示。

Step 08 同样方法，绘制大小不同的矩形，分别填充#FDF2F3、#FDEBF1，效果如图3-77所示。

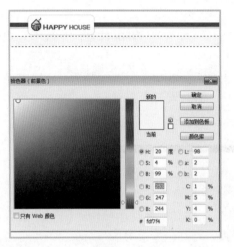

▶▶ 图3-76 绘制矩形并设置填充颜色

▶▶ 图3-77 绘制矩形效果

Step 09 激活工具箱中的"横排文字工具"，设置中文部分的字体为宋体，字号为14点，颜色为#FC0404；设置英文字母的字体为Arial，字体样式为Regular，字号为14点。颜色设置为#FC0404，效果如图3-78所示。

▶▶ 图3-78 输入文本效果

Step 10 新建图层，激活工具箱中的"矩形选框工具"，在页中绘制两个不同的矩形，分别填充颜色#FDA7A7与#FB3737，效果如图3-79所示。

Step 11 新建图层，激活工具箱中的"矩形选框工具"，前景色设置为#FC0404，在页脚位置绘制一个矩形并填充颜色#FC0404，效果如图3-80所示。

Step 12 双击"图层"面板中的页脚位置的矩形图层，打开"图层样式"对话框，勾选"描边"复选框。设置大小为4像素，位置为外部，不透明度为100%，颜色为#DBD9D9，单击"确定"按钮，效果如图3-81所示。

Step 13 激活工具箱中的"圆角矩形工具"，在其属性栏中单击"填充像素"按钮，半径设置为15像素，前景色暂设置为白色#FFFFFF，在新建图层中绘制一个圆角矩形。然后执行"编辑"→"描边"命令，设置宽度为2像素，位置为居外，颜色为#B8B8B8，单击"确定"按钮，给圆角矩形添加一个灰色边，效果如图3-82所示。

▶▶ 图3-79　绘制页中矩形效果

▶▶ 图3-80　绘制页脚矩形效果

▶▶ 图3-81　描边效果

▶▶ 图3-82　绘制圆角矩形效果

Step 14 以白色圆角矩形图层为当前层，激活工具箱中的"矩形选框工具"，在白色圆角矩形上方绘制一个矩形，按【Delete】键，将矩形内的图形删除，效果如图3-83所示。

Step 15 激活工具箱中的"橡皮擦工具"，在"画笔预设"中选择柔角65像素笔形，设置模式为画笔，不透明度为100%，流量为9%，在圆角矩形的两端单击数次，制作出如图3-84所示的虚化效果。

▶▶ 图3-83　删除矩形内的图形效果

▶▶ 图3-84　虚化效果

Step 16 隐藏白色圆角矩形图层，激活工具箱中的"椭圆选框工具"，设置羽化为5像素，绘制椭圆并填充颜色#A2A2A2，调整椭圆形图层的不透明度为70%，效果如图3-85所示。

Step 17 复制1个椭圆形，然后分别执行"编辑"→"变换"→"旋转"命令，调整两个椭圆形的角度，效果如图3-86所示。

▶▶ 图3-85　绘制椭圆效果

▶▶ 图3-86　调整角度

Step 18 打开隐藏的圆角矩形图层，使圆角矩形图层可见，将圆角矩形图层置于两个椭圆形图层的上方，效果如图3-87所示。

Step 19 激活工具箱中的"横排文字工具"，设置字体为Arial，样式为Regular，字号为8点，颜色为#57595B，输入如图3-88所示的文本。

▶▶ 图3-87　调整图层上下关系

▶▶ 图3-88　输入文本

Step20　此时完整效果如图3-89所示，保存成源文件，命名为"模板1"备用。

Step21　新建图层，激活工具箱中的"圆角矩形工具"，在其属性栏中单击"填充像素"
按钮，半径设置为10像素，前景色暂时设置为蓝色，绘制如图3-90所示的圆角矩
形。然后复制矩形并填充为白色。

▶▶ 图3-89　完整效果

▶▶ 图3-90　绘制圆角矩形

Step22　以白色矩形层为当前层，执行"编辑"→"描边"命令，设置宽度为1像素，颜色
为#B8B8B8，位置为居外，单击"确定"按钮，效果如图3-91所示。

Step23　激活工具箱中的"橡皮擦工具"，设置模式为画笔，在"画笔预设"中选择柔角
65像素笔形，流量设置为20%，在圆角矩形的下边缘单击数次，创建如图3-92所
示的虚化效果。

▶▶ 图3-91　描边效果

▶▶ 图3-92　创建虚化效果

Step24 新建图层，激活工具箱中的"椭圆选框工具"，设置羽化为5像素，填充颜色为 #C4C4C4，如前所述将其复制、旋转，并调整两个椭圆图形的不透明度为90%，效果如图3-93所示。

Step25 调整图层的上下关系，效果如图3-94所示。

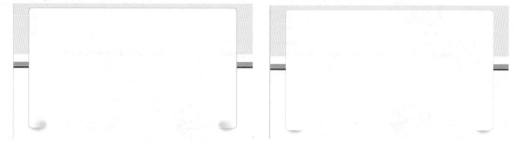

▶▶ 图3-93 绘制椭圆效果　　　　　　　　　▶▶ 图3-94 调整图层的上下关系

Step26 激活工具箱中的"椭圆选框工具"，分别选择颜色#FCA3A3、#FBCBCB、#FC2424、#FC0404，依次在新建图层上绘制正圆形，并根据需要调整图层不透明度为30%或20%，效果如图3-95所示。保存成源文件，命名为"模板2"备用。

▶▶ 图3-95 绘制正圆效果

3.3.2　小福屋——首页

小福屋的首页是在"模板1"的基础上制作完成的。

Step01 打开"模板1"，将素材（s-6）复制粘贴至文件中，选中图片所在图层，右击，在弹出的快捷菜单中执行"转换为智能对象"命令。执行"编辑"→"自由变换"命令，按住【Shift】键，调整图片的大小及位置，效果如图3-96所示。

Step02 激活工具箱中的"横排文字工具"，输入如图3-97所示的文字，其中设置标题字体为黑体，字号为36点，颜色为#FC0404；设置副标题字体为Trebuchet MS，样式为Regular，字号为26点，颜色为#FCE43A。

Step03 新建图层，激活工具箱中的"圆角矩形工具"，在其属性栏中单击"填充像素"按钮，设置半径为5像素，前景色为白色，绘制如图3-98所示的圆角矩形。

Step04 双击圆角矩形所在图层，打开"图层样式"对话框，勾选"描边"复选框，设置大小为6像素，位置为内部，混合模式为正常，颜色为#FC0404，单击"确定"按钮，效果如图3-99所示。

▶▶ 图3-96　复制素材

▶▶ 图3-97　输入文本

▶▶ 图3-98　绘制圆角矩形

▶▶ 图3-99　描边效果

Step05 将素材（s-7）复制并粘贴至矩形中，调整大小及位置。新建图层，激活工具箱中的"钢笔工具"，在其属性栏中单击"填充像素"按钮，颜色设置为#9D161A，绘制如图3-100所示的形状。

Step06 双击钢笔绘制的图形所在图层，打开"图层样式"对话框，勾选"投影"和"渐变叠加"复选框。在"投影"中设置混合模式为正常，不透明度为50%，角度为90度，距离为4像素，大小为5像素；在"渐变叠加"中设置混合模式为正常，不透明度为100%，渐变颜色为#FD9C9C到#FC0404的渐变。样式选择线性，角度设置为90度。缩放设置为100%。单击"确定"按钮，效果如图3-101所示。

Step07 如图3-102所示，调整图层的上下关系，将其拖曳到圆角矩形图层的下方。

▶▶ 图3-100 绘制钢笔图形

▶▶ 图3-101 投影和渐变叠加效果

Step 08 新建图层，激活工具箱中的"圆角矩形工具"，在其属性栏中单击"路径"按钮，设置半径为10像素，绘制一个圆角矩形。按【Ctrl+Enter】组合键将路径转换为选区，效果如图3-103所示。

Step 09 激活工具箱中的"渐变工具"，选择线形渐变方式，打开"渐变编辑器"窗口，设置颜色为#D69000—#F9A100—#F9A100—#FC5F00的渐变。单击"确定"按钮，填充效果如图3-104所示。

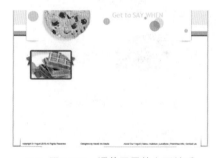

▶▶ 图3-102 调整图层的上下关系

▶▶ 图3-103 绘制圆角矩形

▶▶ 图3-104 渐变色设置及效果

Step⑩ 激活工具箱中的"多边形套索工具",绘制如图3-105所示的多边形。按【Delete】键,删除图形,效果如图3-106所示。

▶▶ 图3-105 绘制多边形1

▶▶ 图3-106 删除图形效果

Step⑪ 关闭圆角矩形所在图层。激活工具箱中的"多边形套索工具",新建图层,绘制如图3-107所示的图形,填充黑色#000000,然后在"图层"面板上调整不透明度为40%。

Step⑫ 在"图层"面板上打开一角圆角矩形图层,然后调整灰色区域,如图3-108所示,形成阴影效果。

▶▶ 图3-107 绘制多边形2

▶▶ 图3-108 阴影效果

Step⑬ 激活工具箱中的"矩形选框工具",在新建图层上绘制矩形,填充白色#FFFFFF,效果如图3-109所示。

Step⑭ 激活工具箱中的"橡皮擦工具",模式设置为画笔,选择柔角27像素笔形,流量设置为100%,在白色矩形上擦出如图3-110所示的高光效果。在擦除过程中可以将流量调小,多次擦除。

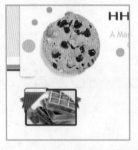

▶▶ 图3-109 绘制矩形效果

▶▶ 图3-110 高光效果

Step⑮ 激活工具箱中的"横排文字工具",设置字体为Impact,样式为Regular,字距调整为60，字号为10点，颜色设置为白色#FFFFFF，输入文字。然后按【Ctrl+T】组合键，调整文字的角度，效果如图3-111所示。

Step16 新建图层，激活工具箱中的"椭圆选框工具"，设置羽化为8像素，绘制一个椭圆形，填充颜色#9D9D9D，效果如图3-112所示。

▶▶ 图3-111　文字效果　　　　▶▶ 图3-112　绘制椭圆形效果

Step17 按【Ctrl+T】组合键，调整椭圆形的角度，将其所在图层调至圆角矩形图层下方，然后调整椭圆形的位置，效果如图3-113所示。

Step18 选中灰色椭圆形图层，复制该图层，执行"编辑"→"变换"→"水平镜像"命令，移动到合适的位置上，效果如图3-114所示。

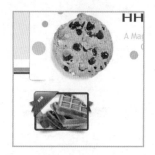

▶▶ 图3-113　调整椭圆形的角度和位置　　　　▶▶ 图3-114　调整椭圆形的位置

Step19 激活工具箱中的"横排文字工具"，设置字体为Arial，样式为Regular，字号为9点，行距为14点，颜色为#7E7D7D，在如图3-115所示的位置拖曳出文本框，确定段落文字的宽度并输入段落文本。

Step20 激活工具箱中的"圆角矩形工具"，在其属性栏中单击"填充像素"按钮，半径设置为2像素，前景色暂时设置为灰色，新建图层，绘制一个灰色圆角矩形，效果如图3-116所示。

▶▶ 图3-115　输入文本　　　　▶▶ 图3-116　绘制圆角矩形效果

Step21 双击灰色圆角矩形图层，打开"图层样式"对话框，勾选"投影"、"渐变叠加"、"描边"复选框。其中，在"投影"中设置混合模式为正常，颜色为黑色#000000，不透明度为60%，角度为120度，大小为3像素；在"渐变叠加"中设置混合模式为正常，不透明度为100%，颜色为#FE8282—#FC0404的渐变，样式为线性，角度为90度，缩放为100%；在"描边"中设置大小为1像素，位置为内部，混合模式为正常，不透明度为100%，颜色为白色#FFFFFF，单击"确定"按钮，效果如图3-117所示。

Step22 激活工具箱中的"横排文字工具"，设置字体为宋体，字号为9点，颜色为白色#FFFFFF，输入如图3-118所示的文字。

Step23 将其他素材（s-8、s-9）粘贴至文件中，用同样的方式制作其他图形，效果如图3-119所示。首页的最终效果如图3-120所示。

▶▶图3-117　设置图层样式效果 ▶▶图3-118　输入文本　▶▶图3-119　其他图形的制作效果

▶▶图3-120　首页的最终效果

3.3.3 小福屋——"关于HH"页

根据设计草图，"关于HH"、"加盟HH"、"产品信息"、"全国门店"、"联系我们"几个页面适用"模板2"。下面进行"关于HH"页面的制作。

Step01 激活工具箱中的"横排文字工具"，设置字体为黑体，字号为24点，颜色为#FC0202，输入"关于HH"。正文字体设置为宋体，字号为12点，行间距为20点，颜色为黑色#000000，分别输入3段文本，效果如图3-121所示。

Step02 复制并粘贴准备好的小福屋的吉祥物，右击，在弹出的快捷菜单中执行"转换为智能对象"命令，调整图像的大小和位置，效果如图3-122所示。

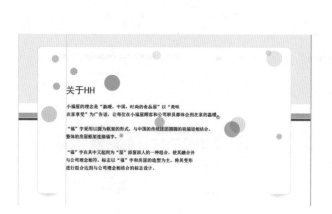

▶▶ 图3-121 输入文本

▶▶ 图3-122 设置智能对象效果

3.3.4 小福屋——"加盟HH"页

小福屋——"加盟HH"页，是在"模板2"的基础上制作完成的。

Step01 打开"模板2"，根据设计需要，从标尺中拖曳出辅助线。激活工具箱中的"横排文字工具"，设置字体为黑体，字号为24点，颜色为#FC0404，输入如图3-123所示的文字。

Step02 激活工具箱中的"横排文字工具"，设置字体为宋体，字号为10点，正文颜色为#FC0404，标题颜色为#000000，输入如图3-124所示的段落文本。

Step03 将素材（s-10）复制并粘贴至文件中，右击，在弹出的快捷菜单中执行"转换为智能对象"命令，将其转换为智能对象。执行"编辑"→"自由变换"命令，按住【Shift】键调整图片的大小及位置、角度。效果如图3-125所示。

Step04 双击图片图层，在其"图层样式"对话框中，勾选"投影"、"描边"复选框。其中，在"投影"中设置混合模式为正常，不透明度为50%，角度为120度，大小为7像素。在"描边"中设置大小为1像素，位置为外部，不透明度为100%，颜色为#DFE1E3。单击"确定"按钮，效果如图3-126所示。

▶▶ 图3-123　输入文本

▶▶ 图3-124　输入段落文本

▶▶ 图3-125　复制素材

▶▶ 图3-126　投影和描边效果

Step05 依次复制并粘贴其他素材（s-11、s-12），用同样的方法调整大小和位置。在素材（s-10）图层上右击，在弹出的快捷拉菜单中执行"复制图层样式"命令，然后依次选中其他素材所在图层，右击，在弹出的快捷菜单中执行"粘贴图层样式"命令。效果如图3-127所示。

▶▶ 图3-127　复制其他素材

3.3.5 小福屋——"产品信息"页

Step 01 打开"模板2",激活工具箱中的"横排文字工具",设置字体为黑体,字号为18点,颜色为#FC0404,输入如图3-128所示的文字。

Step 02 激活工具箱中的"横排文字工具",设置标题文字字体为微软雅黑,样式为Regular,字号为16点,行距为24点,颜色为#FC0404;设置正文字体为微软雅黑,样式为Regular,字号为12点,行距为24点,颜色为#000000,输入如图3-129所示的文字。

Step 03 将素材(s-10)复制并粘贴至文件中,右击,在弹出的快捷菜单中执行"转换为智能对象"命令,将其转换为智能对象,执行"编辑"→"自由变换"命令,按住【Shift】键,调整图片的大小及位置、角度,效果如图3-130所示。

▶▶ 图3-128 输入"产品信息"   ▶▶ 图3-129 输入文本

Step 04 双击图片图层,在其"图层样式"对话框中,勾选"投影"复选框,设置混合模式为正片叠底,不透明度为30%,角度为135度,距离为5像素,大小为5像素,单击"确定"按钮,效果如图3-131所示。

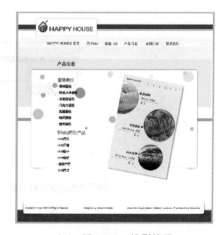

▶▶ 图3-130 复制素材   ▶▶ 图3-131 投影效果

Step 05 保存文件,小福屋——"产品信息"页面制作完成。

3.3.6 小福屋——"全国门店"页

Step 01 打开"模板2"，激活工具箱中的"横排文字工具"，设置字体为黑体，字号为24点，颜色为#FC0404，输入如图3-132所示的文字。

Step 02 将素材（s-13）复制并粘贴至文件中，右击，在弹出的快捷菜单中执行"转换为智能对象"命令，将其转换为智能对象，执行"编辑"→"自由变换"命令，按住【Shift】键调整图片的大小及位置、角度，效果如图3-133所示。

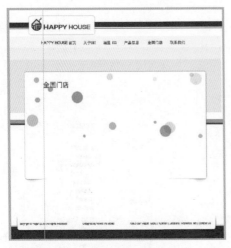

▶▶ 图3-132 输入"全国门店"

▶▶ 图3-133 复制素材

Step 03 激活工具箱中的"横排文字工具"，设置字体为黑体，字号为12点，颜色为#FC0404，输入如图3-134所示的文字。

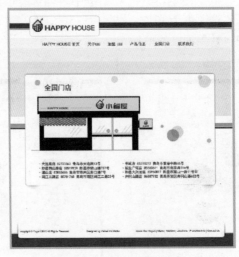

▶▶ 图3-134 输入文本

Step 04 保存文件，小福屋——"全国门店"页面制作完毕。

3.3.7 小福屋——"联系我们"页

Step01 打开"模板2",激活工具箱中的"横排文字工具",设置字体为黑体,字号为18点,颜色为#FC0404,输入如图3-135所示的文字。

Step02 将素材(s-14、s-15)复制粘贴至文件中,右击,在弹出的快捷菜单中执行"转换为智能对象"命令,将其转换为智能对象,执行"编辑"→"自由变换"命令,按住【Shift】键调整图片的大小及位置、角度,效果如图3-136所示。

Step03 保存文件,小福屋——"联系我们"页面制作完毕。

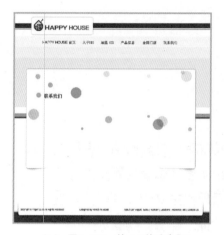
▶▶ 图3-135 输入"联系我们"

▶▶ 图3-136 复制素材

实践与提高 3

1. 为自己的主页组织必要的文字信息并编写脚本。

2. 根据脚本内容,利用所学软件对自己的主页做初步的规划。

3. 简述网页创意的方法并阐述对自己主页的设计思路。

4. 依据设计思路,尝试做出自己主页的导航栏。

第4章
网页配色

　　网页设计作为一门新兴学科，其色彩风格的审美情趣必然带有鲜明的时代特征。后现代主义（Post Modernism）设计思潮与网页设计几乎同时兴起，为网页设计风格奠定了基础。后现代主义设计师标榜个性化和象征性，通常采用独特的色彩手法，如象征、隐喻、幽默等装饰手段力求将现实与历史文化完美结合起来，创造出许多个性鲜明的网页设计作品。随着时代的变迁，适应新时代的设计思想也随着变化，优秀的设计师应紧跟时代潮流，敏锐地触摸到色彩的审美变化和对色彩感情的影响，从而确立网页独具个性的色彩风格。

4.1 认识色彩

色彩是人们常见的事物，但是仔细说起来又是很难讲明白的一件事。因为色彩既是一门艺术，也是一门科学。

4.1.1 色彩的概念

色彩并不是物体本身固有的，物体的颜色是物体本身吸收和反射光波的结果。色彩与光有着极为密切的联系，同时又影响到人们的直觉。

物体表面色彩的形成取决于3个方面：光源的照射、物体本身反射一定的色光、环境与空间对物体色彩的影响。

光源色：由各种光源发出的光，光波波长的长短和强弱、各种光波比例性质的不同形成了不同的色光，称为光源色。

物体色：物体色本身不发光，它是光源色经过物体的吸收反射反映到视觉中的光色感觉，通常把这些本身不发光的色彩统称为物体色。

4.1.2 色彩三要素

色彩的三要素也称色彩三属性，指任何一种色彩同时拥有的3种属性，即色相、明度和纯度。

色彩三要素在色彩构成中，最需要设计师解决的问题是色彩之间的色差大小和配置，三者之间要整体地、兼顾地使用。

1．色相

色相（Hue，H）又叫色名，是区分色彩的名称，也就是色彩的名字，就如同人的姓名一样用来辨别不同的人。除了黑、白、灰以外的色彩，其他色彩都有色相的属性。

2．明度

明度（Value，V）指颜色的亮度。光线强时，感觉比较亮，光线弱时感觉比较暗，色彩的明暗就是所谓的明度，明度高是指色彩较明亮，而明度低，就是指色彩较灰暗。

无彩色中最亮的是白色，最暗的是黑色。黑白之间不同程度的灰色都具有不同的明度。

3．纯度

纯度（Chroma，C）又叫彩度，指色彩的纯度，通常以某彩色的纯度所占的比例来分辨彩度的高低，纯色比例高为彩度高，纯色比例低为彩度低。在色彩鲜艳的状况下，通常很容易感觉高彩度，但有时不易做出正确的判断，因为容易受到明度的影响，譬如人们最容易误会的是，黑、白、灰是属于无彩度的，它们只有明度。

4.1.3 色彩对比

两种以上的色彩，以空间或时间关系相比较，表现出明显的差别，并产生比较作用，被称为色彩对比。

1．色相对比

色相对比即因色相之间的差别形成对比。当主色相确定后，必须考虑其他色彩与主色相是什么关系，要表现什么内容及效果等，这样才能增强其表现力。

将相同的橙色，放在红色或黄色上，将会发现，在红色上的橙色会有偏黄的感觉，因为橙色是由红色和黄色调成的。当它和红色并列时，相同的成分被调和而相异部分被增强，所以看起来偏黄，其他色彩相比较时也会有这种现象，这通常称为色相对比。除了色感偏移之外，对比的两色有时会发生互相色渗的现象，而影响分隔界线的视觉效果，当对比的两色具有相同的纯度和明度时，对比的效果越明显；若对比的两色越接近补色，对比效果越强烈。

2．明度对比

明度对比就是因明度之间的差别形成的对比（柠檬黄色明度高，蓝紫色的明度低，橙色和绿色属中明度，红色与蓝色属中低明度）。

将相同的色彩放在黑色和白色上，比较色彩的感觉，会发现黑色上的色彩感觉比较亮，放在白色上的色彩感觉比较暗，明暗的对比效果非常强烈、明显。对配色结果产生的影响，明度差异很大的对比会让人有不安的感觉。如图4-1所示，白底上的橙色文字不如图4-2所示的黑底上的橙色线条明显；如图4-3所示就是合理运用明度对比的网页。

▶▶ 图4-1　明度对比1　　　　▶▶ 图4-2　明度对比2　　　　▶▶ 图4-3　合理运用明度对比的网页

3．纯度对比

一种颜色与另一种更鲜艳的颜色相比时，会感觉不太鲜明，但与不鲜艳的颜色相比时，则显得鲜明，这种色彩的对比便被称为纯度对比。如图4-4所示，中间的色块比左边色块纯度高同时又比右边色块纯度低。如图4-5所示就是运用纯度对比的网页。

▶▶图4-4 纯度对比　　　　　　　　　　　　▶▶图4-5 运用纯度对比的网页

4.补色对比

将红与绿、黄与紫、蓝与橙等具有补色关系的色彩彼此并置，使色彩感觉更为鲜明，纯度增加，称为补色对比。如图4-6所示就是运用补色对比的网页。

5.冷暖对比

由于色彩感觉的冷暖差别而形成的色彩对比，称为冷暖对比。红、橙、黄使人感觉温暖；蓝、蓝绿、蓝紫使人感觉寒冷；绿与紫介于其间。另外，色彩的冷暖对比还受明度与纯度的影响，白光反射率高而感觉冷，黑色吸收率高而感觉温暖。如图4-7所示就是运用冷暖对比的网页。

▶▶图4-6 运用补色对比的网页　　　　　　▶▶图4-7 运用冷暖对比的网页

4.1.4　色调的变化

色调倾向大致可归纳成鲜色调、灰色调、浅色调、深色调、中色调等。

1.鲜色调

在确定色相对比的角度、距离后，尤其是中差（90度）以上的对比时，必须与无彩色的黑、白、灰及金、银等光泽色相配，在高纯度、强对比的各色相之间起到间隔、缓冲、调节的作用，以达到既鲜艳又真实、既变化又统一的积极效果，感觉生动、华丽、兴奋、自由、积极、健康等。如图4-8所示为运用鲜色调的网页。

2. 灰色调

在确定色相对比的角度、距离后，于各色相之中调入不同程度、不等数量的灰色，使大面积的总体色彩向低纯度方向发展，为了加强这种灰色调倾向，最好与无彩色特别是灰色配合使用，可给人高雅、大方、沉着、古朴、柔弱等感觉，如图4-9所示。

▶▶ 图4-8　运用鲜色调的网页　　　　　　▶▶ 图4-9　运用灰色调的网页

3. 深色调

在确定色相对比的角度、距离时，首先考虑多选用些低明度色相，如蓝、紫、蓝绿、蓝紫、红紫等，然后在各色相之中调入不等数量的黑色或深色，同时为了加强这种深色倾向，最好与无彩色中的黑色配合使用，给人老练、充实、古雅、朴实、强硬、稳重、男性化等感觉，如图4-10所示。

4. 浅色调

在确定色相对比的角度、距离时，首先考虑多选用些高明度色相，如黄、橘、橘黄、黄绿等，然后在各色相之中调入不等数量的白色或浅灰色，同时为了加强这种粉色调倾向，最好与无彩色中的白色配合使用，如图4-11所示。

▶▶ 图4-10　运用深色调的网页　　　　　　▶▶ 图4-11　运用浅色调的网页

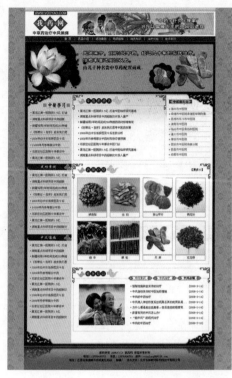

▶▶ 图4-12　运用中色调的网页

5．中色调

中色调是一种使用最普遍、数量最众多的配色倾向，在确定色相对比的角度、距离后，于各色相中都加入一定数量的黑、白、灰色，使大面积的色彩总体呈现不太浅也不太深、不太鲜也不太灰的中间状态，给人随和、朴实、大方、稳定等感觉，如图4-12所示。

在优化或变化整体色调时，最主要的是先确立基调色的面积统治优势。一幅多色组合的作品，大面积、多数量使用鲜色，势必成为鲜色调；大面积、多数量使用灰色，势必成为灰色调，其他色调以此类推。这种优势在整体的变化中能使色调产生明显的统一感。但是，如果只有基调色而没有鲜色调就会感到单调、乏味。如果设置了小面积对比强烈的点缀色、强调色、醒目色，由于其不同色感和色质的作用，会使整个色彩气氛丰富、活跃起来。但是整体与对比是矛盾的统一体，如果对比、变化过多或面积过大，易破坏整体，失去统一效果而显得杂乱。

◆ 4.2　网页配色常见问题

1．缺乏主色调

在网上经常可以看到这样的网站，网页上的元素色相众多，一个标题就是一种颜色，每一个框、线的颜色都不同，令人眼花缭乱。虽然画面色彩繁多，似乎很丰富，但过多的色相给人一种复杂混乱的视觉效果，使访问者无法明确地识别重点内容，甚至起到反作用。

一般来说，色调明确的网页更受访问者的欢迎，因为这样的网页主次分明，易于找到重点，能有效减少视觉负担。

如图4-13所示是韩国POSCO公司的官方网站，也是韩国网站版式设计比较有代表性的一个网页。页面左边是网站的Logo，右边是导航栏。POSCO公司是从事汽车生产的公司，所以页面中间选择的是汽车前盖及车灯部分的一个特写，暗红色的车身，也是整个网页上的一处亮点。网站整体选择了灰色为主色调，深浅不同的灰色对整个网页的区域进行了划分，左侧利用插图和文字介绍公司的产品；中间部分是告示栏；最右边是关于公司生产线的介绍及其相关的动画，均为可单击的子目录。整个网页版式设计条理清楚，色彩运用简单却不呆板，能体现出工业产品的特点。

▶▶ 图4-13　韩国POSCO公司官方网站页面

如图4-14所示是韩国**HAUZEN**公司的网站页面，它是一家以家电制造为主的公司。蓝色的主色调，是与家电产品最为吻合的色彩。页面做了一分为二的设计，上半部分展示的是本公司的洗衣机，特意强调了洗衣机的**Logo**部分，页面顶端依然是公司Logo和导航栏。下半部分主要是文字性的子目录，包括告示新闻、公司其他产品，以及公司广告，均可单击。与顶端导航栏相呼应，页面底端也设计了导航栏。

▶▶ 图 4-14　韩国HAUZEN公司官方网站页面

2．文字能见度低

人眼识别色彩的能力有一定的限度，由于色的同化作用，色与色之间对比强者易分辨，弱者难分辨，这在色彩学上称为易见度。

网页上的色彩或图片通常与文字结合在一起，或成为文字的背景色，或成为文字本身的颜色，这就出现了文字与色彩的对比问题。对浏览者来说，重要的是文字，因此，画面色彩运用就必须注意文字的可识别性，也就是文字的易见度。

在高明度色彩的背景上，低明度的文字易于识别，如果背景和文字明度接近，就容易出现难以识别的问题，如图4-15所示采用图文叠印的方式，字的颜色主要采用白色或反白处理；而图4-16中字的颜色则根据背景色的变化调整字的颜色。

▶▶ 图4-15 某公司网站页面1

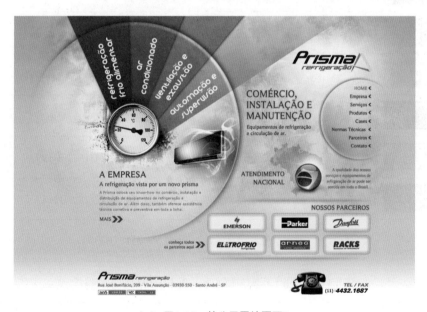

▶▶ 图4-16 某公司网站页面2

一般来说，网页的背景色应该柔和一些、素一些、淡一些，配上深色的文字，使人看起来自然、舒畅。而为了追求醒目的视觉效果，标题可以使用较深的颜色。表4-1是设计网页时，网页背景色和文字色彩搭配中经常采用的色彩，这些颜色可以作为正文的底色，也可以作为标题的底色，再搭配不同的字体，在此仅供参考。

表4-1 网页背景和文字色彩搭配中经常采用的色彩

颜 色		适用的文字
	#F1FAFA	淡雅，适用于正文的背景色（R24、G250、B250）
	#E8FFE8	适用于标题的背景色（R232 、G255、B232）
	#E8E8FF	适用于正文的背景色，文字颜色配黑色（R232、G232、B255）
	#8080C0	适用于搭配黄色、白色文字（R128、G128 、B192）
	#E8D098	适用于搭配浅蓝色或蓝色文字（R232、G208、B152）
	#EFEFDA	适用于搭配浅蓝色或红色文字（R239、G239、B218）
	#F2F1D7	搭配黑色文字素雅，搭配红色文字则显得醒目（R242、G241、B215）
	#336699	适用于搭配白色文字（R51、G102、B153）
	#6699CC	适用于搭配白色文字或用作标题（R152、G153、B104）
	#66CCCC	适用于搭配白色文字或用作标题（R102、G204、B204）
	#B45B3E	适用于搭配白色文字或用作标题（R180、G91、B62）
	#479AC7	适用于搭配白色文字或用作标题（R71、G154、B199）
	#00B271	适用于搭配白色文字或用作标题（R0、G178、B113）
	#FBFBEA	适用于搭配黑色文字（R251、G251、B234）
	#D5F3F4	适用于搭配黑色文字（R213、G243 、B244）
	#D7FFF0	适用于搭配黑色文字（R215、G255、B240）
	#F0DAD2	适用于搭配黑色文字（R240、G218、B210）
	#DDF3FF	适用于搭配黑色文字（R221 、G243、B255）

浅绿色底搭配黑色文字，或白色底搭配蓝色文字都很醒目，但前者突出背景，后者突出文字。红色底搭配白色文字，比较深的底色配黄色文字都会显得非常有效果。颜色处于灰色地带，颜色的调配是最难把握和权衡的，这时更需注重明度、纯度、色相的平衡。

3. 增加视觉负担

生活中，在看某些颜色时会感觉很刺眼，并且容易出现视觉疲劳，如红色，这是由于视网膜对色彩刺激的兴奋程度不同造成的。当看到低明度色彩（深色）时，视网膜上的兴奋程度低，因而不觉得刺眼。

在浏览网页时，当然不希望对自己的视力有损害，因此，网页配色要尽量少用视疲劳度高的色调。一般来说，高明度、高纯度的颜色刺激强度高，疲劳度也大。无彩色系中，白色的明度最高，黑色明度最低；有彩色系中，最明亮的是黄色，最暗的是紫色。用明度太高的色彩作背景看起来很刺眼，容易引起视觉疲劳，为此，尽量减少高明度背景对视觉的刺激是设计师需要考虑的问题。如图4-17所示的绿颜色只是用来点缀画面的，视觉丝毫没有感觉到负担，而图4-18同样是黑色背景，但采用3种高亮度的色彩作为点缀，大大激发了浏览者探究的欲望。

▶▶ 图4-17 某公司网站页面3

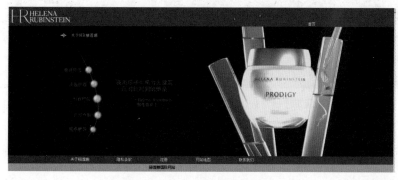

▶▶ 图4-18 赫莲娜化妆品网站页面

◆ 4.3 网页配色原则

色彩搭配既是一项技术性工作，同时也是一项艺术性工作，因此，设计师在设计网页时除了考虑网站自身的特点外，还要遵循一定的艺术规律，从而设计出色彩鲜明、个性独特的网页，网页配色可以遵循以下原则。

1．人性化

网页设计虽然属于平面设计的范畴，但又与其他平面设计有所不同，在遵从艺术规律的同时，还要考虑到人的生理特点。色彩搭配合理，则给人一种和谐、愉快的感觉，因此应避免采用高纯度、刺激性强的单一色彩，否则容易造成视觉疲劳。

图4-19是一个关于网页设计的网站页面，网站向人们提供网页设计的道具、帮助等。画面中黄色的英文字母组合成的图形是这个网站的Logo。灰色背景衬映下的绚丽的颜色与小动画的配合，使整个Logo熠熠生辉。简单的文字说明——两个选项，使整个网页显得更为智能化、人性化。

2．艺术性

艺术来源于生活，又高于生活，通常情况下，生活中常见的东西没有必要在网页上再次重复。人的感觉是喜新厌旧的，总是喜欢看一些新奇的、从未见过的东西，因此，一个新奇的创意或有感染力的色彩、平面构成可以让访问者更有访问的兴趣。

如图4-20所示的页面是一个艺术性很强的网站的页面，很有生活创意，作者有着新奇的想象力和出色的构成表现能力，首页是一幅钢笔速写的小品，其背景被设计成画框的效果，以衬托整个画面。导航栏被巧妙地隐藏在画框顶部，画面中的文房四宝则具有按钮的功能。

▶▶ 图4-19　某网页设计网站页面

▶▶ 图4-20　艺术性很强的网站页面

3．符合网站风格和主题

不同类型的网站就要使用不同的色彩和视觉元素，达到内容和形式上的统一，这样做更符合人们的认知习惯。例如，奢华类的网站就要使用看起来贵重、豪华的配色，如金

色，金色总是让人联想到黄金、财富，很
适合表现这类主题。网站内的元素尽量选
用上流社会、贵族阶层身边的事物，如高
尔夫球、红酒、高脚杯等。

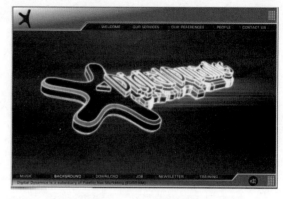

图4-21是数码动力的首页。网页以渐变
的蓝色为背景，标志与主题文字则位于画
面中心呈角透视。同时，赋予标识与文字
以水晶材质。整体画面呈现出一种时尚的
科技感，具有强烈的数字艺术性。

4．个性鲜明

▶▶ 图4-21 数码动力首页

每一个网站都有自己独特的个性和气质，缺乏个性就很难让访问者记住这个网站，千
篇一律的设计只能让浏览者感到乏味。

网页的个性是通过色彩组合和元素构成实现的。图4-22通过大面积的蓝色与白色组
合，充分表现一种安静感；同时通过气泡与曲线的变化又表现一种动感。因此整个页面动
静结合，非常符合儿童的个性。

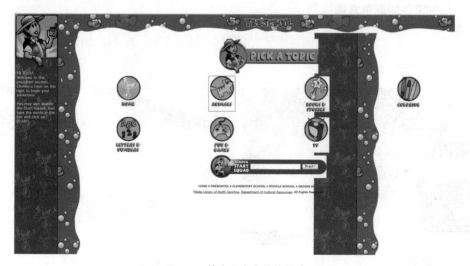

▶▶ 图4-22 符合儿童个性的网站页面

◈ 4.4 网页配色的几种固定搭配

策划正确的配色方案时必须要有一个判断标准。网页设计师策划一个网站需要经过反
复多次的思考，而在决定网页配色方案时同样需要经过再三的思量。为了得到更好的策划意
见，组织者既应该与合作人员反复进行集体讨论，还应该找一些风格类似的成功站点进行技
术分析，一个大型站点是由几层甚至数十层的链接和上百上千种不同风格的网页所构成的，
所以在需要的时候应该绘制一个合理的层级图。如果在一个站点配色方案的策划中只凭设计
师的感觉来决定最终的配色方案，则成功的机会就会很少，而且即使成功一次，也保证不了

下一次同样能够成功。何况一个设计师好的建议在没有任何根据的情况下也不能说服团队中的其他合作成员。由于每个人的爱好有所不同，如果团队中的每一个成员都执意主张自己的观点，那么这个团队就会一事无成。当然，感觉是设计师的灵魂，没有感觉的设计师就如同一个没有灵魂的躯壳。但仅凭感觉也不能够得到好的结果，如果说好的设计等于感觉加一个未知数，那么这个未知数应该就是可以说服其他人的科学合理的理论体系。

1．网页中常见的流行色

根据网络调查，网页设计采用蓝色的网站最多，红色排在第二位，黄色排在第三位。

蓝色——蓝天白云，沉静整洁的颜色。

红色——热情、活泼、幸福、吉祥、温暖的颜色，常需要配合黑色和灰色来压制刺激的红色。

黄色——明朗、愉快、高贵、希望的颜色。

绿色——绿白相间，雅致而有生气。

橙色——活泼热烈，标准商业色调。

紫色——优雅、高贵、神秘的颜色。

2．几种常见的配色方案

蓝白橙——蓝色为主调。白底，蓝色标题栏，橙色按钮，如图4-23所示。

绿白兰——绿色为主调。白底，绿色标题栏，蓝色或橙色按钮，如图4-24所示。

▶▶图4-23　蓝白橙搭配　　　　　　　　　　▶▶图4-24　绿白蓝搭配

橙白红——橙色为主调。白底，橙色标题栏，暗红色或橘红色按钮，如图4-25所示。

暗红黑——暗红色为主调。黑或灰底，暗红色标题栏，文字内容背景为浅灰色，如图4-26所示。

3．网页配色技巧

色彩的搭配对于美术基础不强的读者来说是件非常头疼的事，常常不知道哪些颜色组合在一起更好看。因此建议初次从事网页设计的读者，尽量不要挑选难度大的配色方案。色彩种类越多，搭配起来难度越大，视觉效果也不一定理想。建议首先确定网页的主色调，然后可以选一种或两种颜色作为辅助色。确定网站的主色调，以及辅助色和主色调的关系是设计师优先考虑的问题。下面主要针对美术基础比较薄弱的设计人员提供简单的配色方法。

▶▶ 图4-25　橙白红搭配　　　　　　　　　　　▶▶ 图4-26　暗红黑搭配

（1）使用一种色彩。

"一种色彩"并不是说只用一个颜色，是指使用同一色相的色彩。首先选定某个色相的色彩，然后通过调整明度或者饱和度产生更多的同色相色彩，如把蓝色变淡或者加深就可以产生无限多个深浅不同的蓝色。

（2）使用两种色彩。

使用两种色彩的配色对比效果较强，需要设计师注意的是处理好这两种颜色的关系，使之协调。例如，可以先选定一种色彩作为主色，然后选择另一种色彩作为辅助色进行搭配。

使用两种色彩配色，是难度较低的配色，配色时两种色彩不能平均对待，其中一种色彩要占主导地位。

（3）使用多种色彩。

多色彩的配色必须考虑众多色彩协调统一的问题，当所有色彩的面积较大、纯度较高时，配色难度较大，使用面积控制和增加色彩之间关联性的方法，可以有效降低配色的难度。

（4）使用近似色彩。

这种方法要尽量使用感觉相同或相近的色彩，如粉红、粉黄、粉蓝，或者是深黄、深绿、深蓝等。当然不要以为所有色彩都用到就是色彩丰富，相反很容易出现"杂乱"的效果，最好能把色彩控制在3种以内。有大量文字的地方要尽量增加背景和文字的对比，以便突出主主体文字内容。

（5）使用无彩色。

无彩色是指黑色、白色和灰色，无彩度的黑、白、灰相对彩度色系来说更容易与其他颜色搭配，能包容其他的彩度颜色。灰色是万能色，和任何色彩搭配都不会显得刺目，如果不知道该用哪种颜色配色，就可以尝试使用灰色，或许会有不错的效果。

◆　4.5　网站类型与色彩的关系

色彩具有极强的表现力，能够刺激用户的视觉，扩展想象的空间。心理学研究表明，人对事物的第一眼印象中，色彩占了80%，形体质感等元素占20%。观察事物几分钟之后的印象，色彩部分占了60%。所以说，网页带给用户的第一视觉印象不是版面布局、不是便捷的导航和丰富的信息内容，而是网站的色彩效果。优秀网页的色彩搭配会吸引用户，并且给用户留下深刻的印象。

虽然当前很多网站开始提供用来满足用户色彩喜好的皮肤选项，在色彩主题上没有固定的模式，可以按自身喜好来灵活设计网页色彩。这种设置虽然提供了多变的色彩主题选择，但色彩搭配风格是固定统一的。

网页中的主题色是决定网页风格的色彩，一般使用具有感染力的颜色，让用户通过醒目的色彩来感知网站的主题和风格。背景色是页面的底色，它通常采用和文字对比较大的色彩，来保证网页中信息的传达。配色是用来衬托主色，与主色产生对比或者使主色层次丰富协调的搭配色。强调色是与主色对比较强的颜色，起到调节视觉流向的作用。通常用在重点或者最新的信息上，以引起用户的视觉关注。

网站的类型决定了它的设计的方向。色彩在不同类型的网站中也有不同的应用。下面从不同类型的网站来分析色彩在网页中的应用。

1. 资讯门户类网站

门户类网站通常信息类别、信息量丰富，图片、文字等元素繁多，所以它在色彩应用中需要提供视觉的简洁和条理性，能够帮助用户进行有效和愉快的浏览。

如图4-27所示，MSN的中文主页整体采用了高冷色调，作为背景的白色属于高明度色调，白色大面积应用，占了页面中的主导地位。高调的色彩应用显得页面简洁明快。与Logo同色调的配色通过小面积的应用，丰富了页面层次。文本部分通过蓝色的文本设置将区域划分得清爽条理。强调色采用了和主题色互为补色关系的橙色，有局部加强点睛的效果。

▶▶ 图4-27　MSN的中文主页

如图4-28所示，日文版的YAHOO页面设置了多种皮肤选择，但无论哪种色彩主题，它的搭配风格都是统一的。白色的背景色搭配浅淡的主题色调，高明度页面呈现出清爽的层次。值得注意的是搜索按钮，根据主题色调而变换，它的色彩饱和度较高，起到强调的作用。

2. 企业品牌类网站

企业品牌网站要求展示企业实力，体现企业文化和品牌理念，目标客户群明确，所以在网站建设上要求较高，在色彩搭配方面更加注重与企业的风格相结合。

图4-29是一家网络电话运营商的网站，它希望能为大家提供真正充满活力的电话。网页的色彩充分地显示了这一点。首页上8种高纯度的色彩整齐排列，无彩色白色为背景，调和平衡了这些高纯度的色块组合，使页面产生层次。这些高纯度的色彩与Logo的颜色相呼应，产生引人注目的视觉效果。

▶▶ 图4-28　YAHOO页面

▶▶ 图4-29　某网络电话运营商的主页

如图4-30所示的4个子网页，页面保留了8种高纯度的色块，制作了彩虹般的导航栏，每个子网页的背景色是相对应导航色的颜色。大面积的背景色与小面积的导航栏相对比，虽然都是高纯度的色彩搭配，但在面积上主次分明。文本使用了无彩色白色，保证了信息传达的清晰度，传达出活力和时尚感。

如图4-31所示，这是一个网页编辑器的推广页面。页面使用大面积的黑灰色，制造视觉上的厚重感，低明度的色彩和页面中心的蓝色系产生强烈的对比，文本处理成无彩色，视觉中心明确。网页编辑器的下载页面同样采用了大面积的无彩色与有彩色的对比，强调色采用了Logo色彩中的一种，强调视觉中心。

▶▶ 图4-30　某网络电话运营商的链接页

▶▶ 图4-31　某网页编辑器的推广页面

如图4-32所示,这是一个意大利包袋品牌GABS的网页。网页的色彩搭配延续了GABS产品的风格,时尚阳光。网页采用了浓郁的对比色,带来强烈的视觉冲击,饱和度较高的色彩搭配使页面充满活力。文字采用了无彩色的黑色和白色,很好地平衡了页面的色彩关系。

▶▶ 图4-32　GABS的网页

3. 电子商务类网站

电子商务类网站是以实现交易为目的的。在网页设计中商品的展示是设计的重心。

乐峰作为一个化妆品特卖网站,用户群定位为女性。网页的主题色彩是优雅的红色,大块的色彩分割显得网页大气而稳重。如花朵般艳丽的红色,搭配白色的背景色,主题明确、层次丰富。暖色调的视觉体验洋溢着温暖和热情,容易让人兴奋,产生购买的欲望,如图4-33所示。

▶▶ 图4-33　乐峰化妆品特卖网站页面

4. 互动游戏网站

互动游戏网站是近年来国内逐渐风靡起来的一种网站。这类网站的投入是根据所承载游戏的复杂程度来定的,其发展趋势是超巨型,有的已经形成了独立的网络世界,让玩家乐不思蜀,欲罢不能。

"飞升"是一款仙侠题材的角色扮演类网页游戏，曾获得腾讯颁发的2012年度QQ游戏最佳仙侠风貌奖。如图4-34所示，"飞升"的游戏网站采用了紫色主题的背景图片，符合仙侠类游戏题材梦幻神秘的气质。页中部分延续了紫色主题，通过明度和纯度制造出层次，文本部分的白色协调了页面中明度、纯度不一的紫色的色彩组合。

▶▶图4-34 "飞升"的游戏网站页面

◆ 4.6 商业网站

在电子商务盛行的今天，商业网站能够引起浏览者的兴趣，将普通浏览用户转化为实际购买用户，才能取得更多的利润和满意度。商业网站的特点是图片和文字繁多，信息量大、更新快。在版式设计条理清晰的基础上，商业网站需要选择信息传达到位的图片、处理好图片及文字的关系，引起浏览者的购买欲望，提供舒适、愉悦且有效率的购物体验。

1. 选择有吸引力的图片

传达产品信息，凸显产品质感，最普遍的方式就是图片。直接展示产品信息的图片必须在保证真实的基础上，放大细节，营造气氛，尽可能诱人，这样才能更有效地吸引顾客。

必胜客的网站选用了直观的商品图片，来引诱人们的味觉，以引起人们购买的欲望，如图4-35所示；乐高官网在首页上也采用了展示产品信息的图片，用乐高积木块绚丽的色彩来引起消费者的兴趣，如图4-36所示。

同样，图片还可以创造场景感，增强用户的真实体验，容易让用户产生代入感。如图4-37所示的GAP的网站，在首屏的视觉中心位置设置了产品信息栏，通过图片直观的场景展示，图片散发出阳光快乐的感染力，明确地传达出品牌追求舒适的休闲气质。

2. 通过图文混排传达信息

大片单一的文字或图片容易让用户产生厌倦感，而图文混排能够制造舒适的浏览体验。特别是在商业网站中，图文混排可以更加条理清晰地传达信息。图文混排的方式有很多，如色彩上的对比、文字或图片的放大等，通过符合视觉习惯的图文布局设计，可以很好地引导用户的视觉流程，确保内容的可读性。

▶▶ 图4-35　必胜客网站页面　　　　　　　　　▶▶ 图4-36　乐高官网首页

▶▶ 图4-37　GAP网站页面

　　通过图文混排，在主页上用图片搭载折扣信息、特价商品、店铺活动等文字信息，能够吸引用户进行下一步浏览。但文字在图片上的应用需要从字体、大小、色彩、位置等角度进行设计。

　　GAP首页的页头位置用醒目的黑体字，展示了店铺的折扣信息，虽然图片色彩醒目，质感明晰，但因为字体、色彩及透明色块的应用使文字信息更为醒目，如图4-38所示；迪士尼网页的图文设计是将文字处理成图片的一部分，文字的色彩和字体与产品图片风格协调，整体效果醒目而不张扬，如图4-39所示。

3.　使用条理的版式设计

　　针对商业网站自身的特点，大量的商品信息需要层次清晰条理的版式设计，让用户对网站的结构一目了然。统一的版式设计还能够减少用户对于页面跳转而产生的思考和反应的时间，能够顺利、快速找到感兴趣的商品。

▶▶ 图4-38　GAP首页

▶▶ 图4-39　迪士尼链接页

聚美优品的网页通过色块将商品分类，黑色块使功能性按钮非常醒目，在导航方面清晰易懂，让用户有很好的浏览体验，如图4-40所示；当当网的页面布局并没有使用色块分割，但图文版式和橙色标签的重复使用让页面井然有序，如图4-41所示。页面中的细线，虽然是浅灰色，可见度不高，却恰到好处地将页面区域进行分割。1像素细线是很多网页设计常用的元素之一。

▶▶ 图4-40　聚美优品首网

▶▶ 图4-41　当当网链接页

4．注重整体风格的统一

商业网站需要有自己明确的风格，让页面的视觉效果和网站的商业内容相统一。从网站的整体策划到网页的细节展示，都需要遵循统一的风格。这样，不仅能给用户留下深刻的印象，在功能上也便于用户的浏览。

乐峰网的页面，通过页面色彩搭配来营造女性风格，如图4-42所示。具有视觉冲击力的红色调贴合商业网站的定位。唯品会网站的页面（图4-43左）效果是整体的，它的页面主色调明确，页面上众多图片在色调、色彩饱和度上是一致的，图片的风格也有明显的统一性，如图4-43所示。在图片素材的选择上需要对商品或商业活动的表达有帮助，并且在视觉上保持风格一致，这是商业网站打造整体风格需要关注的问题。唯品会网站的页面（图4-43右）中，页头图片和商品图片的色调、色彩饱和度等在风格上表现整体，营造出页面的条理和秩序感，便于用户的浏览。

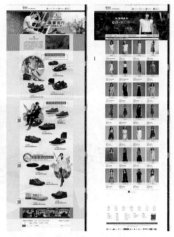

▶▶图4-42 乐峰网首页 　　　　　　　　▶▶图4-43 唯品会网站链接页

5. 添加个性化的页面设计

千篇一律的商业网站是不会赢得用户的关注的，符合网站风格的个性化才会让人记忆深刻。理解用户的心理活动，相对应地打造网页的个性化。相对信息门户型的商业网站来说，品牌网站更容易结合产品风格打造自己的个性化。

许留山的网站中，用连环画形式手绘了20世纪60年代到今天许留山发展变迁的过程，连环画用细腻的笔触展示了50多年来许留山及当时生活环境的变化，温暖地重现了这一段历史，如图4-44所示。绘画的风格亲切随意，与许留山的甜品一般贴近大众的生活。

▶▶图4-44 许留山网站页面

POCONIDO是英国一家手工制作婴儿鞋起家的婴儿和儿童品牌,它的产品用简单实用的形状、天然的材料和独特的图案来传达一种舒适随心的生活理念。POCONIDO的网站首页是一幅充满童趣的儿童画,简洁的图形、跳跃的色彩搭配与品牌的风格相呼应,如图4-45所示。

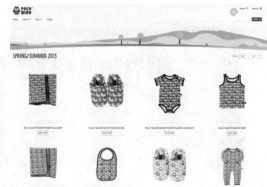

▶▶图4-45　POCONIDO网站首页与链接页

通过上述案例分析,可以看出首页是吸引用户至关重要的通道,很多网站因为对首页的忽视,从而产生了一些用户体验上的问题。特别是电商网站,相比较普通的官方网站在性质上更特殊一些,电商首页设计的主要目的是吸引商家并有目的性地迎合用户的常规使用习惯,因此设计师在设计一个项目之前,应多从用户的角度思考,这会有意想不到的收获。试想,从视觉角度上看,用户浏览网站的时间只有几秒钟,只有导航的视觉设计符合逻辑,用色彩给用户提供一种指引,成为用户的向导。尽可能地减少可单击的部分,让用户一目了然,减少猜测。

实践与提高4

1．搜集5或6个案例并分析其设计中在色彩搭配方面的优缺点。

2．规划自己主页的色彩主调。

3．手绘3或4个创意草案表现不同的创作风格。

第 5 章
综合案例制作

本章以案例的形式讲述网页的设计、制作的全过程，包括前期策划书、网站建设目标及功能定位、网站整体风格、网站的结构和内容，涉及Photoshop、Flash、Dreamweaver等软件的应用。

- 在"小5班"案例中设计了两个版本，两种不同版本体现出不同的网页风格。
- 在"银时代"案例部分，设计上主要侧重整体风格的体现。

◆ 5.1 "小5班"网页设计

本节按照网站建设的要求完成"小5班"网站的设计，通过对该网站建设前期、中期、后期3个阶段工作的实践，把已经掌握的知识真正地运用到实际中去。

1．前期策划书

"小5班"的班集体具有典型职业院校学生群体的个性特征。他们重视自我、勇于展现自己，追求个人能力和社会大环境的共同进步，存在自我实现的强烈愿望。

在"小5班"的成员毕业实践阶段，虽然并没有真正地踏入社会，但他们已经对自己的能力和发展方向有了初步的认识。"小5班"的成员们透过自己的专业来接触社会，来思索他们的定位和未来。

"小5班"是积极向上的一个集体，每个成员都有自我成才的迫切需要。普遍地希望了解自己、把握自己和发展自己，产生了程度不一的"自我角色认同"心理。他们在校阶段一直思索的中心问题就是如何使自己成才，将来能在社会上找到一块立足之地。他们已能够进行较稳定的独立思考，对自己未来的社会角色进行设想。网站的设想和制作就是在这样一个时期完成的。

"小5班"网站建设的初衷就是为集体创造一个展现自我价值、开展相互交流的平台；强烈的求学愿望和将要面临的就业压力，使"小5班"的成员需要一个能满足他们需求、加强沟通的工具，网络无疑是最好的平台之一。那么如何更好地应用网络？"小5班"成员运用自身专业所长，建立了"小5班"网站。

鉴于以上对"小5班"的认识，初步拟定需要做好以下工作。

（1）明确网站需要实现哪些功能。

（2）明确需要什么样的硬件环境，网站开发使用什么软件。

（3）明确需要多少人、多少时间。

（4）明确需要遵循的规则和标准有哪些。

（5）写一份总体规划说明书，包括：① 网站的栏目和版块；② 网站的功能和相应的程序；③ 网站的链接结构；④ 如果有数据库，进行数据库的概念设计；⑤ 网站的交互性和用户友好设计。

2．网站建站目标及功能定位

（1）建站目标。

针对"小5班"的情况，将现阶段需求与未来需求相结合，将"小5班"网站建设成为最适合班集体展示和交流的平台。

（2）功能定位。

① 班级成员展示自我价值的平台。

② 班级集体相互交流沟通的平台。

3．网站整体风格

"小5班"网站是个性、朝气、青春、时尚张扬的。结合网站的用途，定位"小5班"网页的整体布局，可不必拘泥于传统网站的布局形式。整体色彩应该丰富多变，色调冷暖搭配合理，网站中公共性的内容多用冷色，私密性的内容多用暖色。

4．网站的结构和内容

根据网站的功能定位及整体风格，网站结构按照内容涵盖范围大小划分为首页、团队成员、作品展示、设计沙龙、案例随笔、在线留言6个部分，网站树形目录结构如图5-1所示。

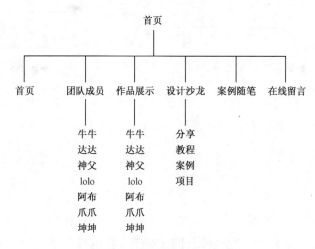

▶▶ 图5-1 网站树形目录结构

（1）颜色设定。

色彩是艺术表现的要素之一。在网页设计中，根据和谐、均衡和重点突出的原则，将不同的色彩进行组合、搭配来构成美丽的页面。根据色彩对人们心理的影响，应合理地加以运用。"小5班"主页以黑色和橙色搭配为主色调，灰色、蓝色和玫瑰红为配色。黑色和橙色对比性强，使画面跳跃，突出了年轻、朝气、热爱生命的主调。

（2）布局设定。

网页设计作为一种视觉语言，特别讲究编排和布局。"小5班"的主页采用了T字形与三三式构图的结合，表现出年轻人在遵循集体的规章制度的同时也富有自己的个性。如图5-2、图5-3所示为两种风格的草图设计方案。

尽管叠压排列能产生强节奏的空间层次，视觉效果强烈，但根据现有浏览器的特点，网页设计适合采用比较规范、简明的页面。网页中常见的是页面上、下、左、右、中位置所产生的空间关系，以及疏密的位置关系所产生的空间层次。疏密位置关系使产生的空间层次富有弹性，同时也让人产生或轻松或紧迫的心理感受。

运用对比与调和、对称与平衡、节奏与韵律，以及留白等手段，通过空间、文字、图形等元素之间的相互关系建立整体的均衡状态，产生和谐的美感。在页面设计中，均衡有时会使页面显得呆板，但如果加入一些富有动感的文字、图案，或采用夸张的手法来表现内容往往会达到比较好的效果。

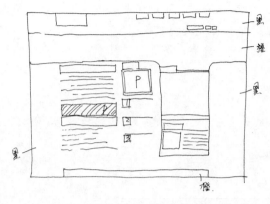

▶▶ 图5-2　草图设计1

▶▶ 图5-3　草图设计2

　　点、线、面作为视觉语言中的基本元素，在"小5班"主页中相互穿插、相互衬托、相互补充，构成最佳的页面效果，充分表达年轻、有活力的设计意境。页面元素多用直线和直角，意在呈现干净利落的感觉。

　　（3）栏目规划。

　　栏目规划及每个栏目的表现形式，以及功能是网页设计的核心。好的网页的界面是弱化的，它突出的是功能，着重体现的是网站能够提供给使用者的方便快捷的应用。这就涉及浏览顺序、功能分区等。在"小5班"的主页中，导航和子导航布置简洁明了，尊重大众的浏览习惯。

　　（4）文字设定。

　　导航文本、标题文本采用方正细倩简体，简单时尚。正文部分采用幼圆体，和方正倩体在风格上类似。

5.1.1　软件布局

Step01　根据网站的内容和定位，启动Photoshop软件，新建文件，设置页面尺寸为1152像素×864像素。激活工具箱中的"矩形选框工具"，绘制一个黑色矩形。按住鼠标左键从标尺中拖曳辅助线，根据草图分割页面，呈现初步布局（在布局过程中对色彩各方面没有要求，只是利用色块作为不同功能的区分），效果如图5-4所示。

Step02　激活工具箱中的"矩形选框工具"，如图5-5所示，在页面上绘制T形区域，用T形区域将页面分割，留出Banner区域。

Step03　激活工具箱中的"矩形选框工具"，如图5-6所示，在页头部分用辅助线确定Logo和导航栏的位置，并用色块区域表示。

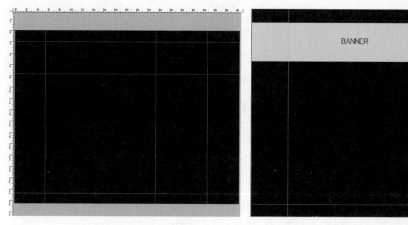

▶▶ 图5-4　添加辅助线　　　　　　　　　　　▶▶ 图5-5　绘制T形区域

Step04　激活工具箱中的"矩形选框工具"，如图5-7所示，在页面底部添加页脚部分，放置版权信息等。

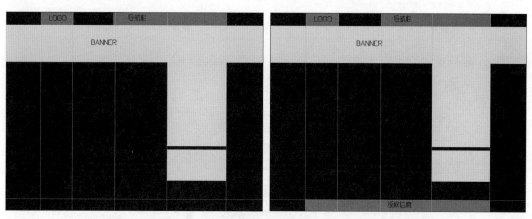

▶▶ 图5-6　确定位置　　　　　　　　　　　▶▶ 图5-7　添加页脚

Step05　用辅助线划分页中部分，并用色块区分各个模块栏目，注明区域，如图5-8所示。

Step06　细化并标注图片区域，最终规划效果如图5-9所示。

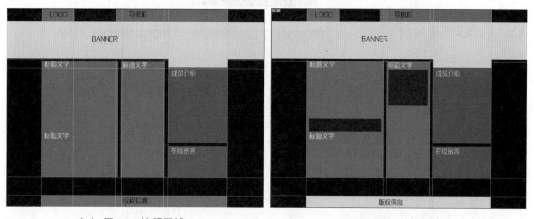

▶▶ 图5-8　注明区域　　　　　　　　　　　▶▶ 图5-9　规划效果

5.1.2　制作首页

1.　背景部分和Banner制作

Step 01　新建一个尺寸为1152像素×864像素的文件，其他参数设置如图5-10所示。

Step 02　根据设计草图从标尺中拖曳出辅助线，如图5-11所示。

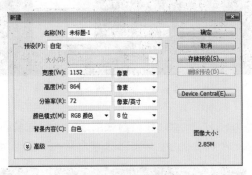

▶▶ 图5-10　新建文件

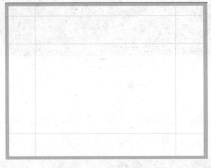

▶▶ 图5-11　添加辅助线

Step 03　激活工具箱中的"矩形选框工具"，在新建图层上绘制和页面等大的矩形，填充颜色#FFDB4E，效果如图5-12所示。

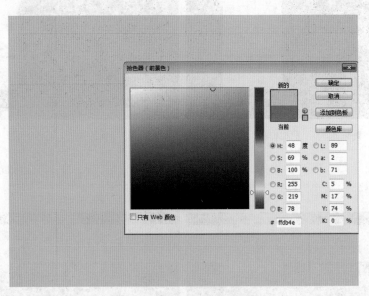

▶▶ 图5-12　填充颜色及效果

Step 04　激活工具箱中的"矩形选框工具"，在新建图层上绘制矩形，并填充黑色#000000，效果如图5-13所示。

Step 05　根据设计需求继续增加辅助线。前景色设置为黑色，激活工具箱中的"矩形工具"和"圆角矩形工具"（半径设置为20像素），在其属性栏中单击"填充像素"按钮，然后在新建图层上绘制如图5-14所示的T字形效果。

▶▶ 图5-13 绘制矩形效果

Step 06 打开素材（s-10、s-11）并复制至文件中，调整大小及位置，效果如图5-15所示。

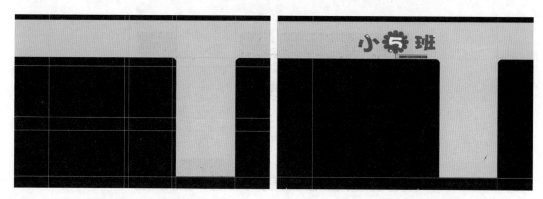

▶▶ 图5-14 T字形效果 ▶▶ 图5-15 复制素材并调整大小及位置

Step 07 激活工具箱中的"画笔工具"，选择画笔为柔角100像素笔形，设置流量为9%，前景色为白色#FFFFFF，在新建图层上绘制笔触，对于超出部分可以通过使用选框工具将多余笔触颜色删除，效果如图5-16所示。

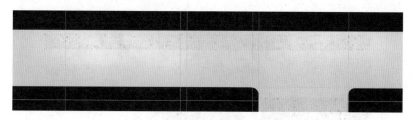

▶▶ 图5-16 绘制高光效果

Step 08 激活工具箱中的"多边形套索工具"，在新图层上绘制一个颜色为#FC9B0E的图形，效果如图5-17所示。

Step 09 在"图层"面板上选中橙色图层，将不透明度调整到14%，然后复制图层5次，调整各图层位置，微调宽度和透明度，效果如图5-18所示。至此，Banner部分制作完成。

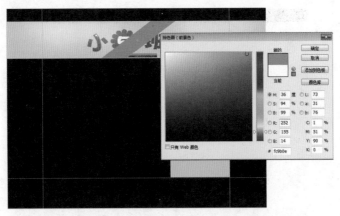

▶▶ 图5-17 绘制多边形

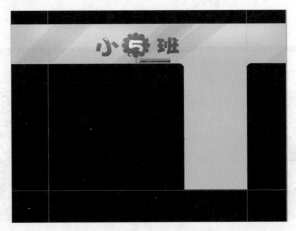

▶▶ 图5-18 改变不透明度

2. 导航条制作

Step01 激活工具箱中的"文字工具",设置字体为方正细倩简体,字号为16点,颜色为
#FFFFFF,输入导航文本,如图5-19所示。

▶▶ 图5-19 设置文本颜色及效果

Step 02 在导航文本图层的下方新建图层，激活工具箱中的"矩形选框工具"，绘制矩形并填充颜色#FC9B01，如图5-20所示。

▶▶ 图5-20 设置矩形颜色及效果

Step 03 在橙色矩形和导航文本之间新建图层，激活工具箱中的"矩形选框工具"，绘制矩形并填充白色#FFFFFF。然后在"图层"面板上调整不透明度为40%，效果如图5-21所示。

Step 04 激活工具箱中的"直线工具"，在其属性栏中单击"填充像素"按钮，粗细设置为1像素，前景色设置为#FFD05C，新建图层，按住【Shift】键，在导航文本的上方绘制一条水平线，效果如图5-22所示。

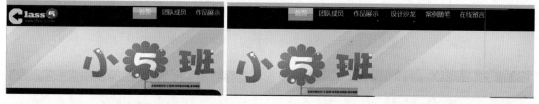

▶▶ 图5-21 绘制白色矩形效果   ▶▶ 图5-22 绘制水平线效果

Step 05 激活工具箱中的"橡皮擦工具"，模式选择画笔，设置画笔为柔角200像素笔形，流量为43%，分别将水平线的两端单击两次，将水平线两端虚化，效果如图5-23所示。

Step 06 激活工具箱中的"文字工具"，设置字体为方正细倩简体，字号为12点，颜色为#FDB957，在导航文本下方输入如图5-24所示的文本。

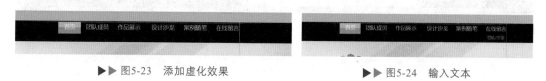

▶▶ 图5-23 添加虚化效果   ▶▶ 图5-24 输入文本

Step 07 激活工具箱中的"矩形选框工具"，在新建图层中绘制矩形，填充颜色#FFF1B8，效果如图5-25所示。

Step 08 双击矩形图层，打开"图层样式"对话框，勾选"内阴影"复选框，设置混合模式为正常，不透明度为75%，角度为146度，距离为2像素，阻塞为0%，大小

为2像素，颜色为#7E6B20，如图5-26所示。单击"确定"按钮，效果如图5-27
所示。

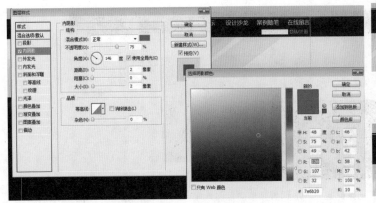

▶▶ 图5-25　绘制矩形效果

▶▶ 图5-26　设置矩形内阴影参数

▶▶ 图5-27　矩形内阴影效果

3．制作页中部分

Step01　根据设计草图，利用辅助线将页中部分竖分为3份。

Step02　激活工具箱中的"矩形选框工具"，在新建图层上绘制矩形，填充颜色
#919191，如图5-28所示。

Step03　双击矩形图层，打开"图层样式"对话框，勾选"描边"复选框，设置大小为1像
素，位置设置为外部，不透明度为100%，颜色为#A3A3A3。单击"确定"按钮
并复制该矩形图层，然后按住【Shift】键，垂直移动到如图5-29所示的位置。

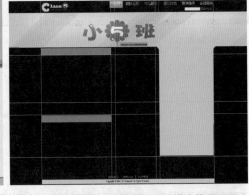

▶▶ 图5-28　绘制矩形并填充颜色

▶▶ 图5-29　复制矩形及描边效果

Step04　激活工具箱中的"文字工具"，设置字体为方正细倩简体，字号为24点，颜
色为#FC4465，输入"作品展示"；设置字体为宋体，字号为12点，颜色为
#FFFEFE，输入段落文本，效果如图5-30所示。

Step05　激活工具箱中的"矩形选框工具"，在新建图层上按住【Shift】键绘制一个正方
形，填充颜色#FC9C0F，复制2个并调整位置，效果如图5-31所示。

Step06　将准备好的7张素材图片（s-12～s-18）依次复制至文件中，调整大小与位置后，

根据需要依次调整不透明度为35%，如图5-32所示，保留其中之一，制作鼠标悬停效果。

▶▶ 图5-30 输入"作品展示"及段落文本

▶▶ 图5-31 绘制正方形效果

Step 07 激活工具箱中的"文字工具"，设置字体为方正细倩简体，字号为24点，颜色为#FFF1B8，输入"设计沙龙"；设置字体为宋体，字号为12点，颜色为#FFFEFE，输入文本，效果如图5-33所示。

▶▶ 图5-32 复制素材

▶▶ 图5-33 输入"设计沙龙"及具体文本

Step 08 激活工具箱中的"矩形选框工具"，在文本图层下方新建图层，绘制两个矩形，填充橙色#FC9B0E。然后选中橙色条上的文字，设置颜色为黑色#000000，效果如图5-34所示。页中的左部分制作完毕。

▶▶ 图5-34 矩形及文字效果

Step09 激活工具箱中的"文字工具"，在页中部分输入"案例随笔"，选中文本"案例"，设置文本字体为方正细倩简体，字号为30点，水平缩放为90%，设置所选字符的比例间距为50%，颜色为#FC9B0E。选中文本"随笔"，设置字体为方正细倩简体，字号为18点，水平缩放为90%，设置所选字符的比例间距为50%，颜色为#FEFEFE。效果如图5-35所示。

▶▶ 图5-35　"案例随笔"效果

Step10 激活工具箱中的"矩形选框工具"，在新建图层上绘制矩形，填充颜色为白色#FFFFFF，效果如图5-36所示。

Step11 将素材（s-20）处理后复制至文件中，在其"图层"面板上选中图片图层，右击，在弹出的快捷菜单中执行"转换为智能对象"命令，将图片转换为智能对象，然后调整其大小、位置，效果如图5-37所示。

▶▶ 图5-36　白色矩形效果

▶▶ 图5-37　素材处理效果

Step12 激活工具箱中的"矩形选框工具"，在新建图层上按住【Shift】键绘制一个正方形，填充颜色#FFC93C，如图5-38所示。

Step13 双击正方形图层，依次勾选"内阴影"、"内发光"、"描边"复选框。在"内阴影"中，颜色设置为#FDAE21；在"内发光"中，颜色设置为#FFF1B8；在"描边"中，颜色设置为#FFF1B8，其他参数设置如图5-39～图5-41所示。单击"确定"按钮，效果如图5-42所示。

▶▶ 图5-38 绘制正方形

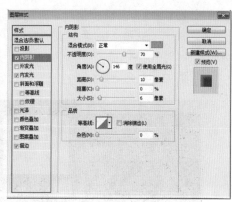

▶▶ 图5-39 设置"内阴影"参数

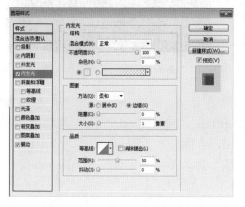

▶▶ 图5-40 设置"内发光"参数

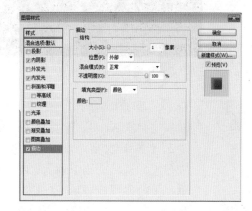

▶▶ 图5-41 设置"描边"参数

Step⑭ 在黄色正方形图层上方新建图层，激活工具箱中的"画笔工具"，选择柔角65像素笔形，设置不透明度为100%，流量为9%，前景色为白色#FFFFFF，单击5次，效果如图5-43所示。

▶▶ 图5-42 图层样式效果

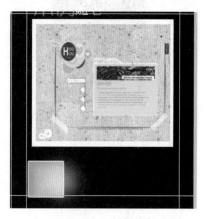

▶▶ 图5-43 高光效果

Step⑮ 在"图层"面板上选中白色圆点图层，右击，在弹出的快捷菜单中执行"创建剪贴蒙版"命令（删除多余白色部分），然后将黄色正方形和剪贴蒙版图层合并，复制2次合并后的图层，并移动到合适的位置，效果如图5-44所示。

Step16 激活工具箱中的"文字工具"，设置字体为Arial，字体样式为Regular，阿拉伯数字为36点，拉丁字母为12点，颜色为黑色#000000，选择仿粗体，输入文字，效果如图5-45所示。

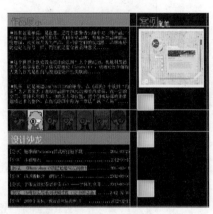

▶▶ 图5-44　复制图层　　　　　　　　　　▶▶ 图5-45　标题文本效果

Step17 激活工具箱中的"文字工具"，输入文字，选中"1"和"3"的标题文字，设置字体为Arial，字体样式为Regular，字号为16点，颜色为#00FFFF；选中"2"的标题文字，设置字体为Arial，字体样式为Regular，字号为16点，颜色为#FFDC54；分别选中剩余文本，设置字体为Arial，字体样式为Regular，字号为12点，颜色为#919191，效果如图5-46所示。

Step18 激活工具箱中的"直线工具"，在其属性栏中单击"填充像素"按钮。设置粗细为1像素，颜色为#FFF1B8，在新建图层上绘制水平线。然后复制图层2次，按住【Shift】键，将水平线垂直移动到合适的位置，效果如图5-47所示。

▶▶ 图5-46　文本效果　　　　　　　　　　▶▶ 图5-47　绘制直线效果

Step19 激活工具箱中的"矩形选框工具"，在新建图层上绘制矩形并填充颜色#FFF1B8，效果如图5-48所示。

Step20 激活工具箱中的"矩形选框工具"，在新建图层上绘制矩形，并填充黑色#000000，效果如图5-49所示。

Step21 激活工具箱中的"矩形选框工具"，在新建图层上绘制矩形，并填充颜色#35DFFF；激活工具箱中的"直线工具"，设置前景色为#35DFFF，直线粗细为2像素，在新图层上绘制水平线，效果如图5-50所示。

▶▶ 图5-48 绘制矩形效果1

Step22 将准备好的素材（s-12～s-19）复制至文件中，在"图层"面板上选中该图层，右击，在弹出的快捷菜单中执行"转换为智能对象"命令，将图片转换为智能对象，然后调整图片的大小、位置，效果如图5-51所示。

Step23 激活工具箱中的"文字工具"，设置字体为方正细倩简体，字号为27点，字符比例间距为20%，颜色为黑色#000000，输入文本，效果如图5-52所示。

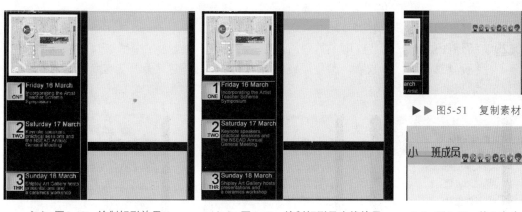

▶▶ 图5-51 复制素材

▶▶ 图5-49 绘制矩形效果2　　　▶▶ 图5-50 绘制矩形及直线效果　　　▶▶ 图5-52 输入文本

Step24 将准备好的素材（s-10）复制至文件中，在"图层"面板上选中该图层，右击，在弹出的快捷菜单中执行"转换为智能对象"命令，将图片转换为智能对象，然后调整图片的大小、位置，效果如图5-53所示。

Step25 激活工具箱中的"文字工具"，设置字体为Kalinga，字体样式为Regular，字号为14点，水平缩放为90%，字符比例间距为20%，颜色为黑色#000000，选择粗体，效果如图5-54所示。

Step26 激活工具箱中的"文字工具"，设置字体为宋体，字号为12点，行距为13点，颜色为#000000，输入文本，效果如图5-55所示。

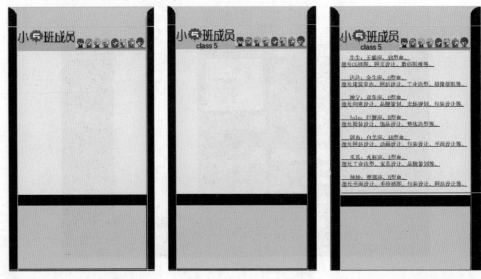

▶▶ 图5-53　复制素材　　　　▶▶ 图5-54　输入"class5"　　　　▶▶ 图5-55　输入正文文本

Step27　激活工具箱中的"矩形选框工具"，在新建图层上按住【Shift】键绘制一个正方形，填充颜色#FC9C0F。选中正方形图层，右击，在弹出的快捷菜单中执行"复制"命令，复制图层6次，将各个图层移动到合适的位置，效果如图5-56所示。

Step28　激活工具箱中的"矩形选框工具"，在新建图层上绘制矩形，填充颜色#FC9B0E，效果如图5-57所示。

Step29　新建图层，激活工具箱中的"直线工具"，在其属性栏中单击"填充像素"按钮，粗细设置为1像素，颜色设置为#FFF1B8，在橙色矩形下方绘制一条水平线，效果如图5-58所示。

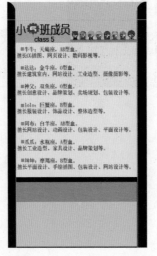

▶▶ 图5-56　绘制并复制正方形效果　　▶▶ 图5-57　绘制矩形效果　　　▶▶ 图5-58　绘制水平线

Step30 双击"图层"面板上的水平线图层,打开"图层样式"对话框,勾选"投影"复选框,设置模式为正常,颜色为#000000,不透明度为75%,角度为146度,距离为1像素,扩展为0%,大小为1像素。效果如图5-59所示。

Step31 激活工具箱中的"文字工具",设置字体为方正细倩简体,字号为24点,比例间距为50%,单击"粗体"按钮。颜色分别设置为黑色#000000和白色#FFFFFF,效果如图5-60所示。

Step32 激活工具箱中的"矩形选框工具",在新建图层上按住【Shift】键,绘制正方形,填充白色#FFFFFF,如图5-61所示。

Step33 双击"图层"面板上的白色正方形图层,打开"图层样式"对话框,勾选"描边"复选框,设置大小为1像素,位置为外部,颜色为#919191,单击"确定"按钮,效果如图5-62所示。

▶▶ 图5-59 投影效果　　▶▶ 图5-60 输入"在线留言"▶▶ 图5-61 绘制正方形　　▶▶ 图5-62 描边效果

Step34 激活工具箱中的"矩形选框工具",在新建图层上绘制矩形,填充颜色#35DFFF,效果如图5-63所示。

Step35 激活工具箱中的"文字工具",设置字体为Comic Sans MS,字体样式为Regular,比例间距为90%,字距调整为-75,颜色为#F00666,字号分别为42点和14点,输入文字,效果如图5-64所示。

Step36 激活工具箱中的"文字工具",设置字体为Arial,字体样式为Regular,字号为11点,颜色为#696969,输入文本,效果如图5-65所示。

▶▶ 图5-63 绘制矩形　　▶▶ 图5-64 输入日期文本　　▶▶ 图5-65 输入文本

Step37 激活工具箱中的"矩形选框工具",按住【Shift】键在新建图层上绘制正方形,填充颜色#FC9B0E,然后复制该图层5次,并将复制的图形移动到合适的位置,效果如图5-66所示。

▶▶ 图5-66 绘制并复制正方形效果

4．制作页尾部分

Step01 激活工具箱中的"矩形选框工具"，新建图层，在页脚位置上绘制矩形，填充颜色#FFDC54，如图5-67所示。

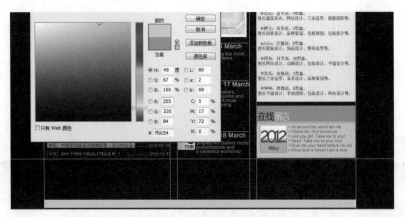

▶▶ 图5-67　绘制页脚矩形

Step02 激活工具箱中的"直线工具"，设置粗细为1像素，颜色为#FC9B0E，新建图层，在页脚的黄色矩形条上方绘制水平线，效果如图5-68所示。

Step03 激活工具箱中的"文字工具"，设置字体为宋体，字号为12点，比例间距为40%，字符调整为10，颜色为#FFDC54，输入文字，效果如图5-69所示。

Step04 新建图层，激活工具箱中的"直线工具"，在其属性栏中单击"填充像素"按钮，设置粗细为1像素，颜色为#FC9B0E，在页脚的字符文本之间绘制垂直线段。复制"图层"面板上的垂直线段并调整到合适的位置。激活工具箱中的"文字工具"，设置字体为Arial，字体样式为Narrow，字号为11点，比例间距为40%，字符调整为10，颜色为#FFDC54，输入版权信息，效果如图5-70所示。首页效果如图5-71所示。

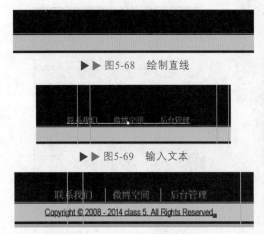

▶▶ 图5-68　绘制直线

▶▶ 图5-69　输入文本

▶▶ 图5-70　输入版权信息

▶▶ 图5-71　首页效果

5.1.3 制作"团队成员"页面

将制作完成的首页保留背景布局、导航栏、Logo、Banner、页脚等部分，保存成模板备用。在二级页面的设计制作中，可以在模板的基础上进行设计制作。因为每个页面的组成内容不同，所以模板可以根据每个页面的需要进行微调。在制作"小5班"的"团队成员"页面时，未涉及微调。

Step01 打开准备好的模板文件，如图5-72所示。

▶▶图5-72 打开模版

Step02 因为制作的是"小5班"的"团队成员"页面，首先将鼠标悬浮效果由"首页"变换为"团队成员"。打开"图层"面板上的导航栏文件夹，找到导航栏文字图层下的橙色按钮图层，选中这两个图层，激活工具箱中的"移动工具"，移动橙色块到"团队成员"的位置上，如图5-73所示。

▶▶图5-73 移动色块

Step03 复制粘贴准备好的素材（s-21），在"图层"面板上选中图层，右击，在弹出的快捷菜单中执行"转化为智能对象"命令，将图片转化为智能对象，调整图片的大小、位置，效果如图5-74所示。

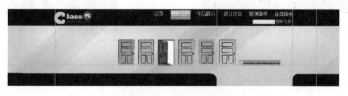

▶▶图5-74 复制素材

Step 04 现在开始制作页中部分。根据设计，页中分为左、中、右三部分，首先开始制作左半部分。激活工具箱中的"矩形选框工具"，在新建图层上绘制矩形，填充颜色#2F2F2F，效果如图5-75所示。

Step 05 激活工具箱中的"圆角矩形工具"，设置半径为10像素，在其属性栏中单击"填充像素"按钮，设置颜色为#35DFFF，在新建图层上绘制一个圆角矩形，然后利用选区删除下半部分，效果如图5-76所示。

Step 06 新建图层，激活工具箱中的"直线工具"，在其属性栏中单击"填充像素"按钮，设置粗细为1像素，颜色为#35DFFF，绘制如图5-77所示的直线。

▶▶图5-75 绘制矩形效果   ▶▶图5-76 绘制圆角矩形效果   ▶▶图5-77 绘制直线效果

Step 07 激活工具箱中的"橡皮擦工具"，设置模式为画笔，选择柔角100像素笔形，不透明度为100%，流量为45%，在直线右端单击数次，效果如图5-78所示。

Step 08 激活工具箱中的"文字工具"，设置字体为方正细倩简体，输入"案例随笔"，其中设置"案例"两字的字号为30点，字符的比例间距为50%，水平缩放为90%，颜色为#FC9B0E，选择仿粗体。调整线条位置并将"随笔"更改字号，设置为18点，字符间距为50%，水平缩放为90%，颜色为#686868，效果如图5-79所示。

▶▶图5-78 直线虚化效果   ▶▶图5-79 "案例随笔"效果

Step 09 "案例随笔"以下内容与"团队成员"页面相同。继续激活工具箱中的"圆角矩形工具"，设置半径为10像素，颜色为#FFCE4F，在左边绘制圆角矩形，然后利用选区删除下半部分，效果如图5-80所示。

Step⑩ 复制"案例随笔"底层的色块，调整位置、大小，效果如图5-81所示。

▶▶ 图5-80 绘制圆角矩形效果

▶▶ 图5-81 复制色块效果

Step⑪ 激活工具箱中的"直线工具"，在其属性栏中单击"填充像素"按钮，设置粗细为1.5像素，颜色为#35DFFF，在新建图层中绘制如图5-82所示的水平线。

Step⑫ 激活工具箱中的"橡皮擦工具"，设置模式为画笔，选择柔角100像素笔形，流量设置为45%，在直线的右端单击几次，效果如图5-83所示。

▶▶ 图5-82 绘制直线

▶▶ 图5-83 直线虚化效果

Step⑬ 激活工具箱中的"文字工具"，设置字体为方正细倩简体，字号为27点，字符比例间距为20%，水平缩放为90%，颜色为黑色#000000，选择仿粗体，输入文字，如图5-84所示。

Step⑭ 将素材（s-10）复制至文件中，在其"图层"面板中，右击，在弹出的快捷菜单中执行"转换为智能对象"命令，将图片转换为智能对象，调整其大小、位置，效果如图5-85所示。

▶▶ 图5-84 输入文本

▶▶ 图5-85 复制素材

Step⑮ 激活工具箱中的"文字工具"，设置字体为Arial，字体样式为Regular，字号为18点，字符比例间距为30%，水平缩放为100%，颜色为黑色#000000，选择仿粗体，输入如图5-86所示的文字。

Step16 激活工具箱中的"矩形选框工具"，在新建图层上绘制矩形，并填充颜色 #393939，效果如图5-87所示。

▶▶ 图5-86　输入"class 5"　　　　　　▶▶ 图5-87　绘制矩形效果

Step17 激活工具箱中的"矩形选框工具"，在新建图层上绘制矩形并填充颜色 #686868，然后复制该色条3次，并调整至合适的位置上，效果如图5-88所示。

Step18 将素材（s-12~s-19）复制至文件中，依次调整位置及大小，效果如图5-89所示。

▶▶ 图5-88　绘制并复制矩形效果　　　　　▶▶ 图5-89　复制素材

Step19 激活工具箱中的"文字工具"，设置字体为宋体，字号为14点，行距为13点，颜色为#CACBCB，输入段落文字。然后在段落的开头位置绘制颜色为#FC9C0F的正方形，效果如图5-90所示。

Step20 将素材（s-12~s-19）复制至文件底部，依次调整位置及大小。在"图层"面板上调整不透明度为25%，效果如图5-91所示。

Step21 激活工具箱中的"矩形选框工具"，在新建图层上绘制矩形，并填充颜色 #FFF1b8与黑色#000000。然后将"小5班成员"色块及色条复制至如图5-92所示的位置。

Step22 激活工具箱中的"文字工具"，输入"设计"，设置字体为方正细倩简体，字号为30点，字符比间距为50%，水平缩放为90%，颜色为#FC4465，选择仿粗体。更改字号为18点，颜色为#686868，输入"感悟"；设置正文字体为宋体，字号为12点，行距为13点，颜色为#2F2F2F，输入段落文本，效果如图5-93所示。

▶▶ 图5-90 输入文本并绘制正方形 ▶▶ 图5-91 复制素材（s-12～s-19） ▶▶ 图5-92 复制色块及色条

Step 23 新建图层，激活工具箱中的"矩形选框工具"，按住【Shift】键绘制一个正方形，填充颜色#FC9C0F，然后复制该图层，移动至合适的位置，效果如图5-94所示。

Step 24 将素材（s-22）复制至文件中，在"图层"面板上右击，在弹出的快捷菜单中执行"转换为智能对象"命令，调整图片的大小、位置，效果如图5-95所示。

▶▶ 图5-93 输入文本 ▶▶ 图5-94 绘制并复制正方形 ▶▶ 图5-95 复制素材（s-22）

Step 25 "在线留言"部分的制作方法与"团队成员"页面相同，最终效果如图5-96所示。

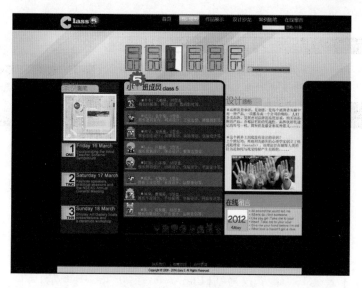

▶▶ 图5-96 页面效果

5.1.4 "作品展示"页面设计

Step 01 打开准备好的模板文件。因为制作的是"小5班"的"作品展示"页面,所以首先将鼠标悬浮效果由"首页"变换为"作品展示"页面。打开"图层"面板上的导航栏文件夹,找到导航栏文字图层下的橙色按钮图层,选中这两个图层,激活工具箱中的"移动工具",移动橙色矩形到"作品展示"的位置上,效果如图5-97所示。

Step 02 激活工具箱中的"矩形选框工具",在新建图层上绘制矩形,填充颜色#FFF1b8与黑色#000000。在页面的T字形版上添加变化,使版式生动,效果如图5-98所示。

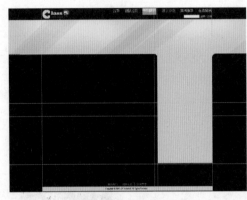

▶▶ 图5-97 移动橙色矩形　　　　　　　　▶▶ 图5-98 绘制矩形1

Step 03 在Banner部分添加Flash动画或者图片。依次将素材(s-12～s-17)复制至文件中,分别选中图片图层,右击,在弹出的快捷菜单中执行"转换为智能对象"命令,调整大小、位置,效果如图5-99所示。

Step 04 激活工具箱中的"矩形选框工具",在新建图层上绘制矩形,填充颜色#6A6A6A,效果如图5-100所示。

▶▶ 图5-99 复制素材　　　　　　　　　▶▶ 图5-100 绘制矩形2

Step 05 激活工具箱中的"横排文字工具",输入如图5-101所示的文字。其中,设置"作品"、"案例"、"设计"字体为方正细倩简体,字号为30点,字符比例间距为50%,颜色分别为#FF5588、#F89910、#6CE9FD,选择仿粗体;设置"展示"、"分析"、"感悟"字体为宋体,字号为18点,水平缩放为90%,字符间距为50%,颜色为#FEFEFE,选择仿粗体;输入段落文本,设置字体为宋体,字号为12点,行距为13点,颜色为#FFE06A,效果如图5-101所示。

▶▶ 图5-101　输入并设置文字效果

Step 06　激活工具箱中的"矩形选框工具"，在新建图层上绘制一个矩形，填充颜色 #363327，效果如图5-102所示。

Step 07　激活工具箱中的"矩形选框工具"，在新建图层上绘制两个等大矩形，填充颜色 #FFCD4F，效果如图5-103所示。

▶▶ 图5-102　绘制一个矩形

▶▶ 图5-103　绘制两个等大矩形

Step 08　依次将素材（s-23～s-27）复制至文件中，分别选中各图层，右击，在弹出的快捷菜单中执行"转换为智能对象"命令，调整图片的大小、位置，效果如图5-104 所示。

Step 09　激活工具箱中的"自定形状工具"，在其属性栏中单击"填充像素"按钮，形状选择箭头2，前景色设置为#FFCD4F，绘制一个箭头形状，效果如图5-105所示。

▶▶ 图5-104　复制素材

▶▶ 图5-105　绘制箭头

Step 10　在"图层"面板中选中箭头图层，将其不透明度调整为65%。然后复制该图层，执行"编辑"→"变换"→"水平翻转"命令，将箭头调转方向，并将其移动到合适的位置上，效果如图5-106所示。

Step 11　激活工具箱中的"矩形选框工具"，在新建图层上绘制矩形，填充颜色#FFCD4F，效果如图5-107所示。

▶▶ 图5-106　复制并调转箭头

▶▶ 图5-107　绘制矩形

Step 12　激活工具箱中的"直线工具"，在其属性栏中单击"填充像素"按钮，设置前景色为#FF1B8，绘制一条直线。移动直线到矩形条下方，形成如图5-108所示的反光效果。

▶▶ 图5-108　反光效果

Step 13　激活工具箱中的"横排文字工具"，输入如图5-109所示的文字。设置"设计"字体为方正细倩简体，字号为30点，水平缩放为90%，字符比例间距为50%，颜色为#1FD2FF，选择仿粗体。设置"感悟"字体为宋体，字号为18点，水平缩放为90%，字符比例间距为50%，颜色为#FEFEFE，选择仿粗体。设置正文字体为宋体，字号为12点，行距为13点，颜色为#FFFEFE，并在段落开头绘制颜色#FC9C0F的正方形。

Step 14　激活工具箱中的"矩形选框工具"，在新建图层上绘制一个矩形，填充颜色#5BDEDE，效果如图5-110所示。

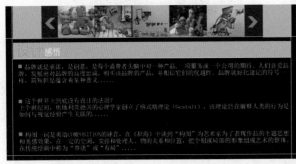

▶▶ 图5-109　输入并设置文本效果　　　　　　　▶▶ 图5-110　绘制矩形

Step 15　激活工具箱中的"横排文字工具"，输入"作品展示"。设置"作品"的字体为方正细倩简体，字号为24点，水平缩放为90%，字符比例间距为50%，颜色为#FC4465，选择仿粗体；设置"展示"的字体为宋体，字号为18点，水平缩放为90%，字符比例间距为50%，颜色为#FFFFFF，选择仿粗体，效果如图5-111所示。

Step 16　激活工具箱中的"矩形选框工具"，在新建图层上按住【Shift】键绘制正方形，填充颜色#FFC93C。双击该图层，打开"图层样式"对话框，勾选"内投影"、"内发光"和"描边"复选框。其中，在"内投影"中，设置混合模式为正常，不透明度为70%，角度为146度，距离为10像素，阻塞为0%，大小为6像素，颜色为#FDAE21；在"内发光"中，设置混合模式为正常，不透明度为100%，颜色为#FFF1B8到透明的渐变，方法选择柔和，阻塞为0%，大小为1像素；在"描边"中，设置大小为1像素，位置为外部，混合模式为正常，不透明度为100%，颜色为#FFF1B8。单击"确定"按钮，最终效果如图5-112所示。

▶▶ 图5-111 输入"作品展示"　　　　　　　▶▶ 图5-112 图层样式效果

Step17 新建图层，激活工具箱中的"画笔工具"，选择柔角65像素笔形，模式为正常，不透明度为100%，流量为9%，前景色为白色#FFFFFF，在图层上单击5次，得到一个虚化的圆点。在"图层"面板上选中虚化圆点图层，右击，在弹出的快捷菜单中执行"创建剪贴蒙版"命令，效果如图5-113所示。

Step18 激活工具箱中的"直线工具"，在其属性栏中单击"填充像素"按钮，设置粗细为1像素，颜色为#FFCD4F，绘制一条直线，效果如图5-114所示。

▶▶ 图5-113 剪贴蒙版效果　　　　　　　▶▶ 图5-114 绘制直线

Step19 激活工具箱中的"横排文字工具"，设置字体为Arial，样式为Regular，字号为36点，行距为11点，颜色为黑色#000000，选择仿粗体。输入"1"，更改字号为12点，输入"ONE"，效果如图5-115所示。

Step20 激活工具箱中的"横排文字工具"，设置字体为Arial，样式为Regular，字号为16点，行距为11点，颜色为#00FFFF，选择仿粗体，输入第一行标题文字。更改设置字号为12点，颜色为#919191，输入段落文字，效果如图5-116所示。

Step21 激活工具箱中的"矩形选框工具"，在新建图层上绘制矩形，填充颜色为#FFDB4E，效果如图5-117所示。

▶▶ 图5-115 输入"1"和"ONE"　　▶▶ 图5-116 输入标题和段落文字　　▶▶ 图5-117 绘制矩形

Step22 将素材（s-28）复制至文件中，在该图层面板上右击，在弹出的快捷菜单中执行

"转换为智能对象"命令，调整图片的大小、位置，效果如图5-118所示。

Step23 "在线留言"部分的制作同上，在此不再赘述。最终效果如图5-119所示。

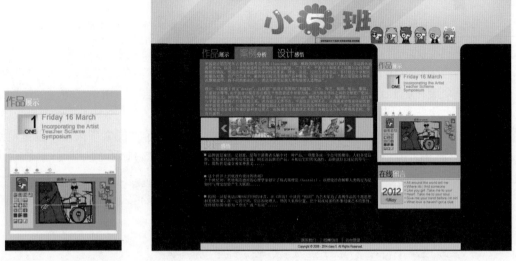

▶▶ 图5-118 复制素材　　　　　　　　　　▶▶ 图5-119 最终效果

5.1.5 "小5班" Flash动画制作

Step01 新建文档，在"属性"面板上单击"编辑"按钮，打开"文档设置"对话框，如图5-120所示。将文档尺寸根据网页设计设置为1152像素×161像素，背景颜色设置为#FFDD56，单击"确定"按钮，如图5-121所示。

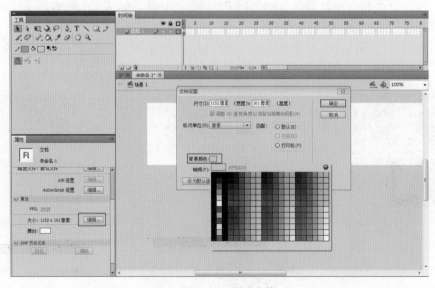

▶▶ 图5-120 新建文档

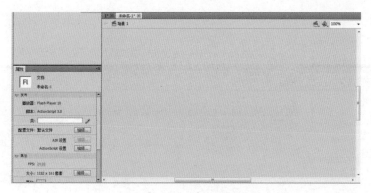

▶▶ 图5-121 设置背景色

Step 02 执行"插入"→"新建元件"命令,打开"创建新元件"对话框,设置名称为
bg,类型为图形,如图5-122所示。单击"确定"按钮,转换到元件工作区。

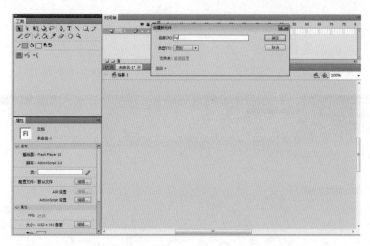

▶▶ 图5-122 新建元件

Step 03 激活工具箱中的"矩形工具",如图5-123所示,在"工具"面板中,将笔
触颜色,即矩形"外轮廓线"关闭,在"填充颜色"面板中,将颜色设置为
#FFCC00,保持"对象绘制"按钮的弹起状态,在工作区中绘制一个矩形。

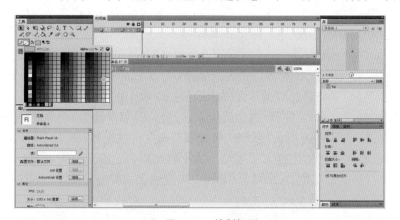

▶▶ 图5-123 绘制矩形

Step04 回到场景工作区,将舞台设置为符合窗口大小,双击图层名称并更改为bg,如图5-124所示。

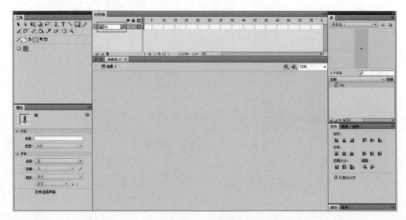

▶▶ 图5-124 更改图层名称

Step05 单击图层bg的第1帧,将"库"面板中的元件bg拖曳到舞台上,激活工具箱中的"任意变形工具",将舞台上的元件旋转,效果如图5-125所示。

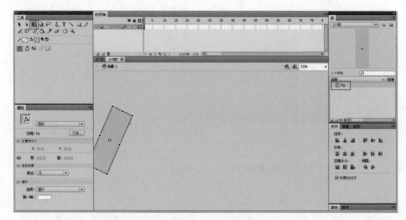

▶▶ 图5-125 旋转元件

Step06 在图层bg的第20帧处右击,在弹出的快捷菜单中执行"插入关键帧"命令,在鼠标选中第20帧的情况下,激活工具箱中的"箭头工具",按住【Shift】键,水平移动元件到合适位置上。然后在第1个和第2个关键帧之间右击,在弹出的快捷菜单中执行"创建传统补间"命令,效果如图5-126所示。

Step07 在图层bg的第45帧处右击,在弹出的快捷菜单中执行"插入关键帧"命令,并水平移动舞台上的元件图形到合适位置,然后在第2个和第3个关键帧之间右击,在弹出的快捷菜单中执行"创建传统补间"命令,效果如图5-127所示。

Step08 在图层bg的第60帧上插入关键帧,水平移动舞台上的元件图形到合适的位置上,如图5-128所示,然后在第3个和第4个关键帧之间右击,在弹出的快捷菜单中执行"创建传统补间"命令。

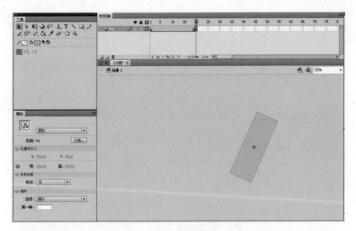

▶▶ 图5-126 创建传统补间1

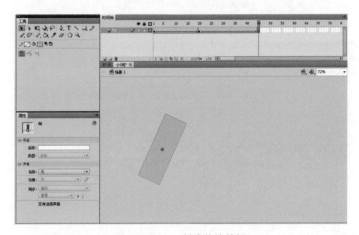

▶▶ 图5-127 创建传统补间2

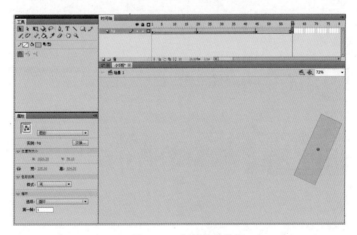

▶▶ 图5-128 创建传统补间3

Step09 选中图层bg的第1~4个关键帧，再依次单击舞台上的元件图形，在"属性"面板上选择颜色样式的Alpha值，依次调整Alpha值为15%、40%、30%、20%，给图形设置透明度，效果如图5-129~图5-132所示。（注意观察每一帧的位置移动）

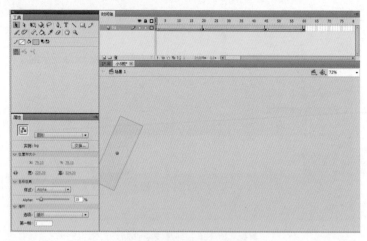

▶▶ 图5-129　设置透明度1

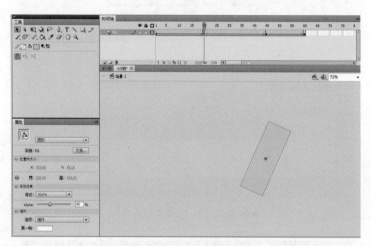

▶▶ 图5-130　设置透明度2

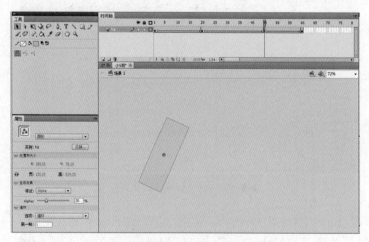

▶▶ 图5-131　设置透明度3

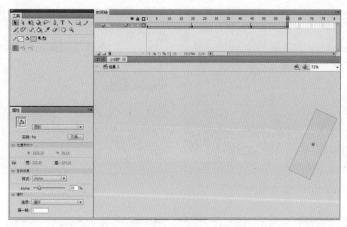

▶▶ 图5-132 设置透明度4

Step10 新建图层并命名为bg2，选中图层bg2的第一个关键帧，将"库"面板中的元件 bg拖曳到舞台上，激活工具箱中的"任意变形工具"，调整元件图形的宽度和角 度，效果如图5-133所示。

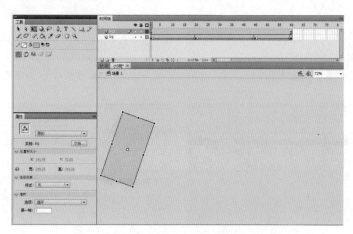

▶▶ 图5-133 调整元件图形的宽度和角度

Step11 分别在图层bg2的第25帧、第40帧、第55帧、第60帧的位置上插入关键帧，并调 整每个关键帧上的图形在舞台上的位置，再依次在关键帧之间创建传统补间。

Step12 依次选中图层bg2的第1～5个关键帧，依次调整对应图形的Alpha值为20%、 15%、30%、20%、20%，效果如图5-134～图5-138所示。

Step13 创建新图层，并命名为bg3，在"库"面板中将元件bg拖曳到舞台中，激活工具 箱中的"任意变形工具"，调整图形的角度和宽度。依次在图层bg3的第15帧、 第35帧、第50帧、第60帧的位置上插入关键帧，并调整每个关键帧上的图形在舞 台上的位置，再依次在关键帧之间创建传统补间。

Step14 依次调整每个关键帧下的图形的透明度，分别设置Alpha值为20%、40%、15%、 30%、15%，效果如图5-139～图5-143所示。

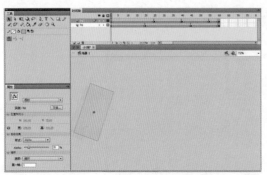

▶▶ 图5-134　设置透明度5

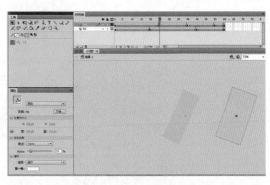

▶▶ 图5-135　设置透明6

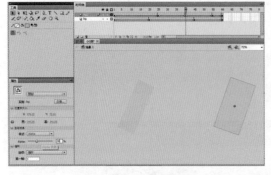

▶▶ 图5-136　设置透明度7

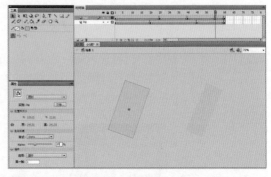

▶▶ 图5-137　设置透明度8

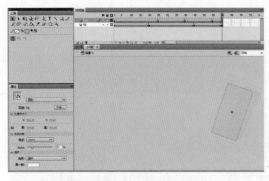

▶▶ 图5-138　设置透明度9

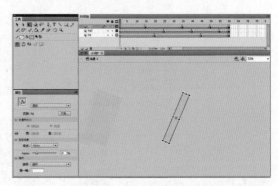

▶▶ 图5-139　设置透明度10

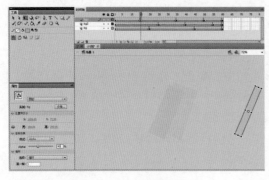

▶▶ 图5-140　设置透明度11

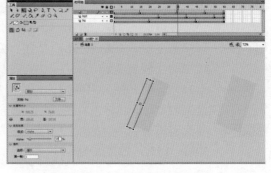

▶▶ 图5-141　设置透明度12

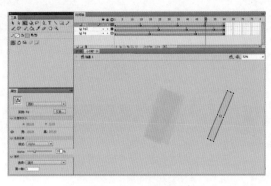

▶▶ 图5-142 设置透明度13

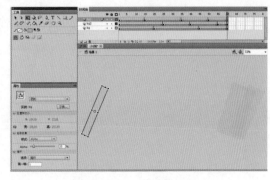

▶▶ 图5-143 设置透明度14

Step 15 新建图层并命名为bg4，将"库"面板中的元件bg拖曳到舞台中，调整宽度与角度，如图5-144所示。

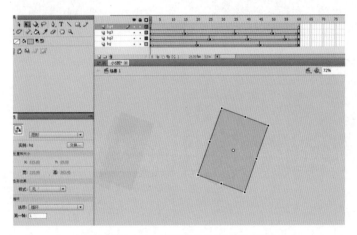

▶▶ 图5-144 调整元件的宽度与角度

Step 16 在图层bg4的第10帧、第30帧、第45帧、第60帧位置上依次插入关键帧。调整每个关键帧对应的图形在舞台上的位置，并创建传统补间，再将Alpha数值依次调整为20%、30%、15%、30%，效果如图5-145～图5-148所示。

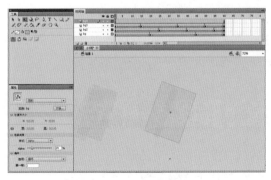

▶▶ 图5-145 设置透明度15

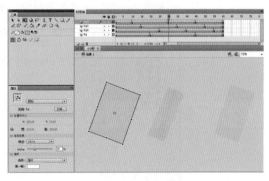

▶▶ 图5-146 设置透明度16

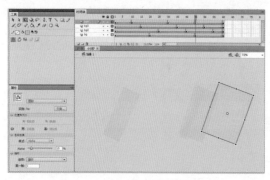

▶▶ 图5-147　设置透明度17

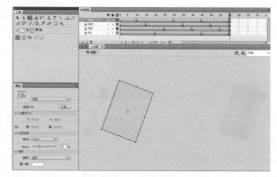

▶▶ 图5-148　设置透明度18

Step⑰　同时选中图层bg到图层bg4的第111帧，右击，在弹出的快捷菜单中执行"插入帧"命令，如图5-149所示。

Step⑱　在"时间轴"面板上新建文件夹，命名为bg，将图层bg到图层bg4选中，拖曳到文件夹bg中，如图5-150所示。

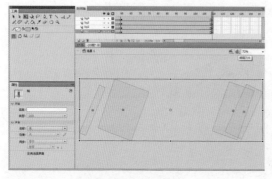

▶▶ 图5-149　插入帧

▶▶ 图5-150　建立文件夹

Step⑲　在图层bg4的上方新建图层并命名为light1，激活工具箱中的"椭圆工具"，在舞台上绘制椭圆形，设置轮廓线为无，填充颜色为白色，Alpha值设为65%，效果如图5-151所示。

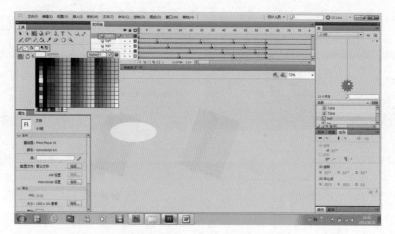

▶▶ 图5-151　绘制椭圆形

Step 20 执行"修改"→"形状"→"柔化填充边缘"命令，打开"柔化填充边缘"对话框，设置距离为100像素，步长数为50，如图5-152所示。单击"确定"按钮，效果如图5-153所示。

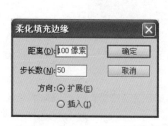

▶▶ 图5-152 设置柔化填充边缘参数　　　　　▶▶ 图5-153 柔化填充边缘效果

Step 21 激活工具箱中的"任意变形工具"，单击图层light1的第1帧，选中椭圆形和全部边缘线，调整角度，效果如图5-154所示。

Step 22 新建图层，命名为light2，调整Alpha值为50%，绘制一个椭圆形，用与图层light1同样的方法制作边缘柔化的椭圆形，并调整位置，效果如图5-155所示。

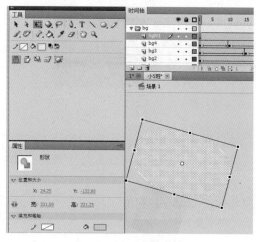
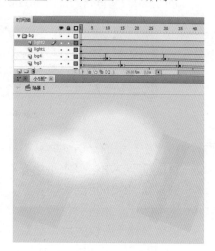

▶▶ 图5-154 调整角度　　　　　　　　▶▶ 图5-155 制作椭圆形1

Step 23 按【Ctrl+Enter】组合键，导出影片预览，效果如图5-156所示。

▶▶ 图5-156 预览效果1

Step 24 依次新建图层light3、light4，用同样的方法制作椭圆形，并调整位置和角度，效果如图5-157所示。

Step 25 按【Ctrl+Enter】组合键，导出影片预览，效果如图5-158所示。

▶▶ 图5-157　制作椭圆形2

▶▶ 图5-158　预览效果2

Step26　执行"文件"→"导入"→"导入到库"命令，将素材"请勿转载"导入到库，同时在图层light4的上方新建图层，命名为版权，如图5-159所示。

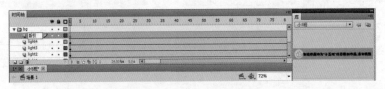

▶▶ 图5-159　导入素材

Step27　将"库"中的"请勿转载"拖曳到舞台中，在"对齐"面板中勾选"与舞台对齐复选框"，单击"水平中齐"和"底部分布"按钮，使图片处于舞台底部中央，效果如图5-160所示。

Step28　选中图片，执行"修改"→"转换为元件"命令，打开"转换为元件"对话框，设置名称为版权图片，类型为图形，如图5-161所示。

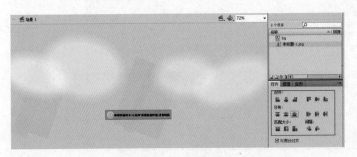

▶▶ 图5-160　调整位置

▶▶ 图5-161　转换为元件

Step29　在版权图层的第15帧、第30帧位置插入关键帧，并创建传统补间。在第1个关键帧上，将对应的图片元件的Alpha数值设置为25%，在第2个关键帧上对应的图片元件保持原状态，将第3个关键帧上对应的图片元件调整大小和位置，效果如

图5-162～图5-164所示。

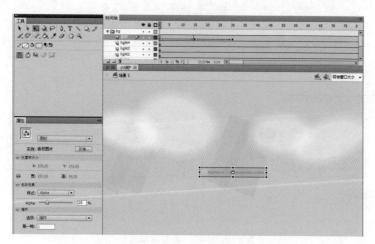

▶▶ 图5-162 设置透明度19

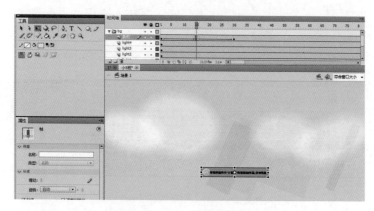

▶▶ 图5-163 设置透明度20

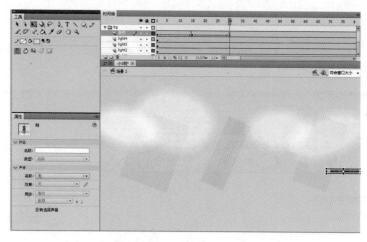

▶▶ 图5-164 调整大小和位置

Step30 在版权图层的第111帧的位置插入关键帧，并创建传统补间，在第111帧上，将图片元件的Alpha值调整为0%，效果如图5-165所示。

网页美工——网页创意设计与解析

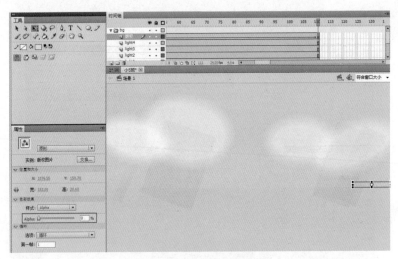

▶▶图5-165 调整透明度1

Step31 执行"文件"→"导入"→"导入到库"命令，打开"导入到库"对话框，选择
素材图片"小5班"，将其导入"库"面板中。

Step32 如图5-166所示，在文件夹bg的上方新建图层，命名为class5。

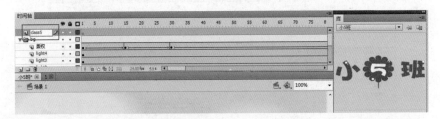

▶▶图5-166 新建图层class5

Step33 在图层class5第20帧的位置插入关键帧，将"库"面板中的图片"小5班"拖曳
到舞台中。在"对齐"面板中勾选"与舞台对齐"复选框，单击"水平中齐"
按钮和"底部分布"按钮，将图片对齐舞台下边线，并放置在舞台中心位置，效
果如图5-167所示。

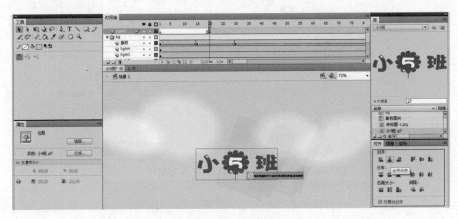

▶▶图5-167 调整位置

Step 34 执行"修改"→"转换为元件"命令,打开"转换为元件"对话框,命名为class5,类型设置为图形,如图5-168所示,单击"确定"按钮。

Step 35 在图层class5的第45帧处右击,在弹出的快捷菜单中执行"插入关键帧"命令。然后在图层class5的第1个和第2个关键帧之间右击,在弹出的快捷菜单中执行"创建传统补间"命令,效果如图5-169所示。

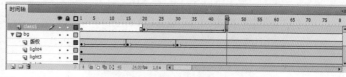

▶▶ 图5-168 转换元件   ▶▶ 图5-169 创建传统补间

Step 36 单击图层class5的第1个关键帧,再单击舞台上对应的图形,在"属性"面板上将Alpha值调整为10%,效果如图5-170所示。class5图层的第2个关键帧的参数不变,效果如图5-171所示。

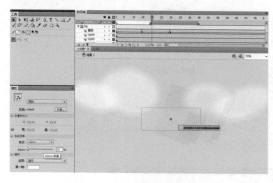

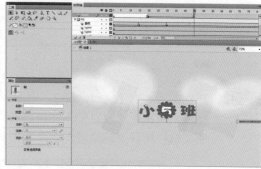

▶▶ 图5-170 调整透明度2   ▶▶ 图5-171 调整透明度3

Step 37 新建图层,命名为class5-1,在第45帧位置插入关键帧。

Step 38 选中图层class5的第45帧,即第2个关键帧,如图5-172所示,执行"编辑"→"复制"命令,再选中图层class5-1的第45帧,执行"编辑"→"粘贴到当前位置"命令,将元件class5原位置粘贴,如图5-173所示。

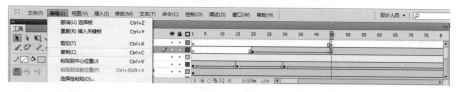

▶▶ 图5-172 复制关键帧

▶▶ 图5-173 粘贴关键帧

Step 39 在图层class5-1的第80帧处右击,在弹出的快捷菜单中执行"插入关键帧"命令。在第1个和第2个关键帧之间右击,在弹出的快捷菜单中执行"创建传统补间"命令。

Step 40 选中图层class5-1的第45帧,即第1个关键帧,单击舞台上对应的图形,如图5-174所示,在"属性"面板上调整Alpha值为50%。

Step 41 选中图层class5-1的第80帧,即第2个关键帧,单击舞台上对应的图形,在"属性"面板上调整Alpha值为0%。激活工具箱中的"任意变形工具",按住【Shift】键,调整图形的大小,效果如图5-175所示。

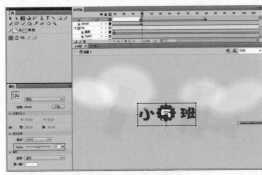

▶▶ 图5-174 调整透明度4

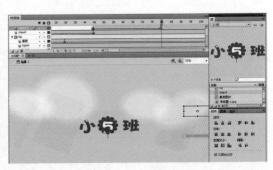

▶▶ 图5-175 调整透明度5

Step 42 新建图层,命名为class5-2,选中图层class5-1的第45~80帧,右击,在弹出的快捷菜单中执行"复制帧"命令,在图层class5-2的第50帧位置,右击,在弹出的快捷菜单中执行"粘贴帧"命令,效果如图5-176所示。

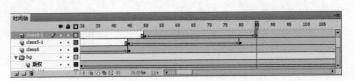

▶▶ 图5-176 粘贴帧

Step 43 选中图层class5-2的第85帧,即第2个关键帧,将图形移动位置,利用"任意变形工具"按比例调整大小,效果如图5-177所示。

Step 44 新建图层,命名为class5-3,用同样的方法在第55帧位置粘贴帧,选中第90帧,即第2个关键帧,调整舞台上对应的图形位置和大小、比例,效果如图5-178所示。

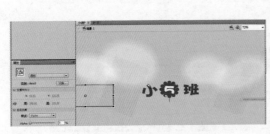

▶▶ 图5-177 调整图形的大小

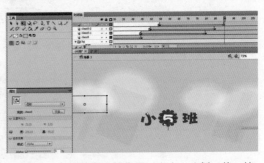

▶▶ 图5-178 调整图形的位置、大小、比例(第90帧)

Step 45 新建图层，命名为class5-4，用同样的方法在第60帧的位置粘贴帧，选中第95帧，即第2个关键帧，调整舞台上对应图形的位置和大小、比例，效果如图5-179所示。

Step 46 新建图层，命名为class5-5，用同样的方法在第65帧位置粘贴帧，选中第100帧，即第2个关键帧，调整舞台上对应图形的位置和大小、比例，效果如图5-180所示。

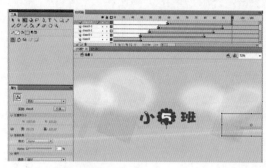 

▶▶ 图5-179 调整图形的位置、大小、比例（第95帧） ▶▶ 图5-180 调整图形的位置、大小、比例（第100帧）

Step 47 选中图层class5-2的第112帧，然后按住【Shift】键单击最后一帧，右击，在弹出的快捷菜单中执行"删除帧"命令，如图5-181所示。

Step 48 用同样的方法将图层class5-3、class5-4、class5-5以后的灰色条全部选中，右击，在弹出的快捷菜单中执行"删除帧"命令，此时"时间轴"面板效果如图5-182所示。

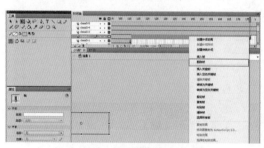

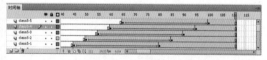

▶▶ 图5-181 删除帧 ▶▶ 图5-182 "时间轴"面板效果

Step 49 新建文件夹，命名为class5，选中图层class5到图层class5-5，将其拖曳到文件夹下，效果如图5-183所示。

Step 50 导入素材图片3到"库"中，如图5-184所示，并在class5文件夹上方新建图层，命名为cartoon。

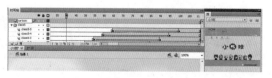

▶▶ 图5-183 建立文件夹 ▶▶ 图5-184 导入素材图片3

Step 51 在第40帧位置上插入关键帧,将图片3从"库"面板拖曳到舞台上,效果如图5-185所示。

Step 52 选中图片,右击,在弹出的快捷菜单中执行"分离"命令,效果如图5-186所示。

▶▶ 图5-185 插入关键帧

▶▶ 图5-186 分离效果

Step 53 执行"修改"→"转换为元件"命令,打开"转换为元件"对话框,如图5-187所示,设置名称为cartoon,单击"确定"按钮,将图片转换为元件cartoon。

Step 54 在"库"面板中双击元件cartoon,打开元件工作区,激活工具箱中"箭头工具",选中局部区域,按【Delete】键,将其删除,效果如图5-188所示。

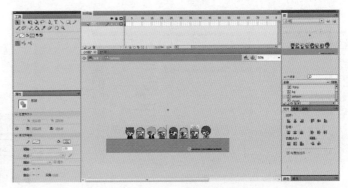

▶▶ 图5-187 转换元件

▶▶ 图5-188 删除效果

Step 55 对于其中局部不易删除的部分可以通过激活工具箱中的"套索工具"来完成,如图5-189所示。单击面板左下角的按钮,打开"魔术棒设置"对话框,如图5-190所示,设置相应参数,单击"确定"按钮,然后利用"魔术棒工具"单击元件中多余的色块,按【Delete】键删除选中区域,效果如图5-191所示。有时为便于操作,可以将舞台背景暂时调整为黑色。

▶▶ 图5-189 套索工具　▶▶ 图5-190 设置魔术棒　▶▶ 图5-191 利用"魔术棒工具"删除效果

Step56 回到场景工作区，将舞台上的元件cartoon调整位置和大小，效果如图5-192所示。

Step57 在图层cartoon的第100帧位置，右击，在弹出的快捷菜单中执行"插入关键帧"命令，水平移动元件cartoon到如图5-193所示的位置。

▶▶ 图5-192　调整大小与位置　　　　　　　　　　▶▶ 图5-193　插入关键帧

Step58 在图层cartoon的第1个和第2个关键帧之间创建传统补间。然后将素材图片2导入到"库"，如图5-194所示。将新建图层命名为door，在第112帧位置插入关键帧。

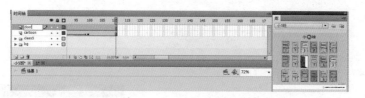

▶▶ 图5-194　导入素材图片2

Step59 将"库"面板中的图片2拖曳到舞台上。执行"修改"→"转换为元件"命令，打开"转换为元件"对话框，将元件命名为door，单击"确定"按钮，如图5-195所示，将图片2转换为元件。

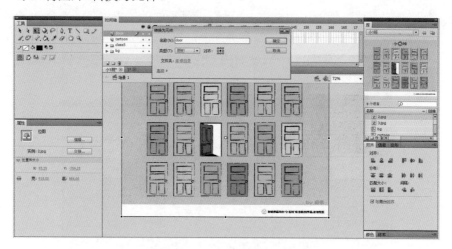

▶▶ 图5-195　转换元件图片2

Step60 双击"库"面板中的元件door，打开元件"door"工作区，选中元件door，右击，在弹出的快捷菜单中执行"分离"命令。然后激活工具箱中的"套索工具"，设置魔术棒的值为5，使用魔术棒删除多余色块，效果如图5-196所示。

Step61 回到场景工作区，在"对齐"面板上勾选"与舞台对齐"复选框，单击"底部分布"和"水平中齐"按钮，效果如图5-197所示。

▶▶ 图5-196　删除多余色块

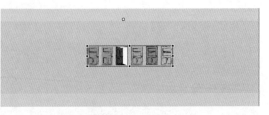

▶▶ 图5-197　对齐效果

Step62 在图层door的第160帧的位置插入关键帧，在图层door的第1个和第2个关键帧之间创建传统补间。然后选中图层door的第1个关键帧，再选中舞台中对应的元件图形，在属性栏上设置Alpha值为10%，效果如图5-198所示。

Step63 执行"插入"→"新建元件"命令，打开"创建新元件"对话框，设置名称为ball，类型为影片剪辑，如图5-199所示。

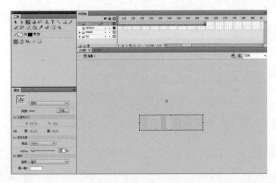

▶▶ 图5-198　创建传统补间

▶▶ 图5-199　创建新元件

Step64 在打开的影片剪辑ball工作区中，激活工具箱中的"椭圆工具"，设置笔触颜色为无，填充颜色为#FF6600，绘制椭圆形，效果如图5-200所示。

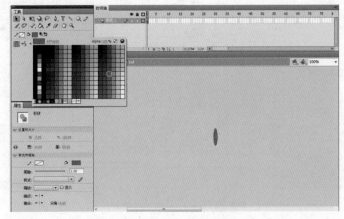

▶▶ 图5-200　绘制椭圆形

Step65 执行"窗口"→"变形"命令，打开"变形"面板，如图5-201所示。保持椭圆形处于选中状态，设置参数，单击数次"重置选区和变形"按钮，得到如图5-202所示的效果。

▶▶ 图5-201 "变形"面板

▶▶ 图5-202 变形效果

Step66 在影片剪辑工作区的图层1的第20帧处右击，在弹出的快捷菜单中执行"插入关键帧"命令。在第1个和第2个关键帧之间创建传统补间。

Step67 分别单击图层1第1个和第2个关键帧，在"属性"面板中设置旋转方向为顺时针，旋转次数为5，如图5-203所示。

Step68 新建图层2，并拖曳到图层1的下方。激活工具箱中的"线条工具"，设置笔触颜色为#FF6600，笔触大小为1像素，绘制一条垂直线，效果如图5-204所示。

▶▶ 图5-203 旋转效果

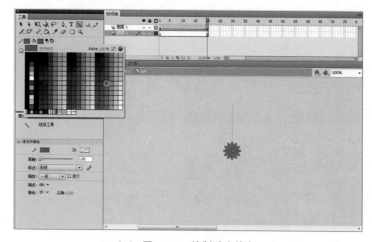

▶▶ 图5-204 绘制垂直线条

Step69 新建图层3，激活工具箱中的"椭圆工具"，设置笔触颜色为无，填充颜色为白色#FFFFFF，绘制一个白色椭圆形，效果如图5-205所示。

Step70 回到场景工作区，新建图层命名为ball，在图层第112帧的位置插入关键帧，在"库"面板中拖曳影片剪辑元件ball到舞台上，如图5-206所示。

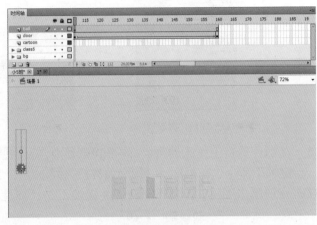

▶▶ 图5-205　绘制白色椭圆形　　　　　　　▶▶ 图5-206　插入关键帧

Step71 多次拖曳影片剪辑元件ball到舞台上。激活工具箱中的"任意变形工具"，调整舞台上影片剪辑元件ball的大小，效果如图5-207所示。

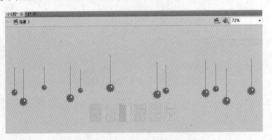

▶▶ 图5-207　调整元件的大小

Step72 如图5-208所示，同时选中图层ball和图层door的第220帧，右击，在弹出的快捷菜单中执行"插入帧"命令。

Step73 动画制作完毕，执行"文件"→"导出"→"导出影片"命令，打开"导出影片"对话框，选择要储存的位置，并命名为小5班，如图5-209所示。

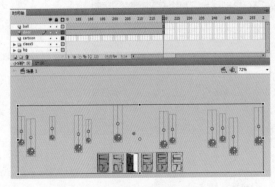

▶▶ 图5-208　插入帧　　　　　　　　　　　▶▶ 图5-209　存储文件

5.2 "银时代"网页设计

"银时代"是一家颇有名气的淘宝店铺，是一家有着丰富经营经验的销售网店。根据网络上搜集的"银时代"的品牌故事和品牌文化等资料，设计了一个以展示"银时代"为目的的网站效果。网页风格朴实怀旧，简洁的页面版式和内容分布给浏览者带来轻松悠闲的浏览体验。图5-210是目前"银时代"官网主页，图5-211为根据前期调研的相关信息，新规划的主页及链接页草图。

▶▶ 图5-210 "银时代"官方网站

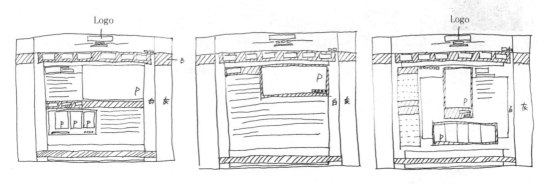

▶▶ 图5-211 "银时代"规划草图

5.2.1 银时代首页界面设计

经过对"银时代"资料的分析，首先进行首页的版式设计。版式草图可以通过手绘或者软件绘制。图5-212则是根据手绘草图（图5-211）制作的主页软件草图。

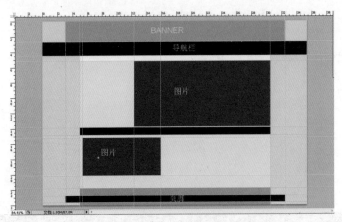

▶▶ 图5-212　软件绘制草图

1．制作广告条

Step01 根据设计草图，设定画面宽度和高度分别为1003像素和680像素，分辨率为72像素/英寸，背景为透明色，设置前景色为#D8D8D8，并填充页面，然后在页面上根据版式草图画出辅助线，如图5-213所示。

Step02 新建图层，利用"矩形选框工具"创建一个白色矩形，页面效果如图5-214所示。

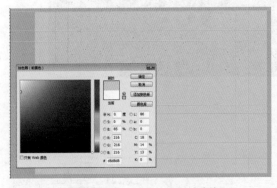

▶▶ 图5-213　设置并绘制辅助线

▶▶ 图5-214　绘制白色矩形

Step03 在页头确定广告条的位置和大小，便于制作Flash广告条或者图片广告，它们通常会在网页发布时被插入。本案例通过使用图片衬托醒目Logo的方式制作"银时代"的广告条。虽然简单，但这是在网页设计中经常使用的一种方式，其醒目的Logo使网页的主题一目了然，成功地传达信息。打开如图5-215所示的图片并复制至页头位置，效果如图5-216所示。

▶▶ 图5-215　打开素材

▶▶ 图5-216 复制素材

Step**04** 激活工具箱中的"矩形选框工具",新建图层,如图5-217所示,绘制一个矩形。

Step**05** 激活工具箱中的"画笔工具",设置流量为9%,颜色为黑色#000000。在矩形中通过画笔局部绘制,得到如图5-218所示的由左到右的渐变加深效果。

▶▶ 图5-217 绘制矩形　　　　　　　　　　▶▶ 图5-218 左边加深效果

Step**06** 用同样的方法给将广告条的右边局部绘制黑色渐变色。将广告条的两侧颜色加重,体现中间与两端的对比效果,为突出Logo做准备,效果如图5-219所示。在加深过程中,注意衔接处不要形成明显痕迹。

▶▶ 图5-219 右边加深效果

Step**07** 激活工具箱中的"横排文字工具",设置字体为方正细珊瑚繁体,字号为30点,颜色为白色#FFFFFF。在广告条上输入Logo文字"银时代"。调整位置,效果如图5-220所示。

▶▶ 图5-220 输入文本

Step 08 双击"银时代"图层，打开"图层样式"对话框，勾选"内发光"复选框，参数设置如图5-221所示，为"银时代"添加一个蓝色的内发光。

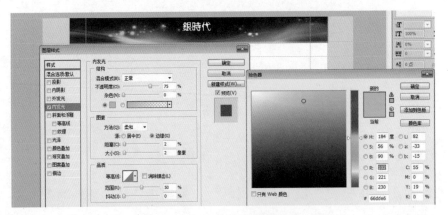

▶▶图5-221　设置"内发光"样式

Step 09 激活工具箱中的"文字工具"，设置字体为AR BONNIE，字号为18点，颜色为#007E89，在"银时代"下方输入"SILVER ERA"，如图5-222所示。

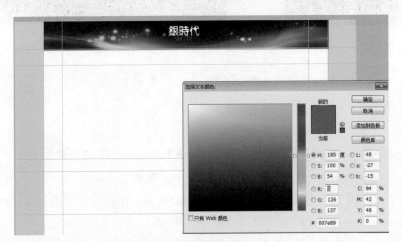

▶▶图5-222　输入文本

Step 10 激活工具箱中的"直线工具"，设置粗细为1像素，颜色为#9CF9FB，新建图层并绘制水平线。再次激活工具箱中的"文字工具"，设置字体为Aparajita，字号为18点，颜色为#9CF9FB，输入"www.silverera.com"，效果如图5-223所示。注意，3层文字采用中间对齐方式，在Photoshop中通过图层"对齐与分布"即可实现。

▶▶图5-223　绘制直线并输入文本

2. 制作导航条

Step01 激活工具箱中的"矩形选框工具",在新建图层上绘制一个矩形,填充黑色 #000000,效果如图5-224所示。

▶▶ 图5-224 绘制黑色矩形

Step02 在黑色矩形图层上方新建图层,绘制两个白色矩形,效果如图5-225所示。

▶▶ 图5-225 绘制白色矩形

Step03 在绘制白色矩形时经常会发现不能保证白色的色块与底部的黑色色条等高,因此通常采用"创建剪贴蒙版"的方法解决此类问题。按住【Ctrl】键,单击"图层"面板中白色矩形所在图层将其选中,右击,在弹出的快捷菜单中执行"创建剪贴蒙版"命令即可达到目的,效果如图5-226所示。

▶▶ 图5-226 剪贴蒙版效果

Step04 新建图层,激活工具箱中的"画笔工具",选择柔角100像素笔形,流量设置为9%,分别选择如图5-227所示的颜色,分别在不同位置绘制不同颜色的圆点。然后选中该图层,右击,在弹出的快捷菜单中执行"创建剪贴蒙版"命令,效果如图5-228所示。

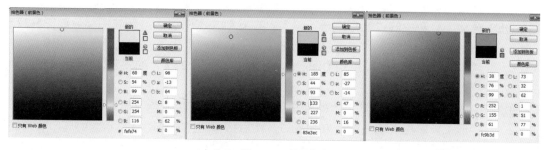

▶▶ 图5-227 设置颜色

▶▶ 图5-228　剪贴蒙版效果

Step05 新建图层，激活工具箱中的"画笔工具"，设置流量为9%，颜色为白色，在导航栏白色矩形上绘制白色圆点，保留白色圆点在黑色上形成的高光效果，其他部分利用选框工具和"创建剪贴蒙版"命令删除即可，效果如图5-229所示。

▶▶ 图5-229　高光效果

Step06 激活工具箱中的"文字工具"，设置字体为方正细倩简体，字号为14点，颜色为白色，输入导航栏文本，效果如图5-230所示。

▶▶ 图5-230　输入导航栏文本

Step07 激活工具箱中的"文字工具"，设置字体为AR DECODE，字号为14点，颜色为白色。输入英文文本，效果如图5-231所示。

▶▶ 图5-231　输入英文文本

Step08 激活工具箱中的"矩形选框工具"，在导航文本图层下方新建图层，如图5-232所示，在导航文本"关于我们"的位置上创建一个矩形并填充颜色#226BB4。在"图层"面板上将蓝色矩形图层的不透明度调节为25%，如图5-233所示，形成悬浮效果。

Step09 新建图层，激活工具箱中的"矩形选框工具"，在黑色导航条的下方绘制一个矩形子导航栏，填充颜色#E8E4E3，然后将该图层不透明度设置为45%，效果如图5-234所示。

Step10 设置字体为方正细倩简体，字号为14点，颜色为#847F7E，在灰色子导航条上输入子导航文本，效果如图5-235所示。

▶▶ 图5-232　创建矩形并填充颜色

▶▶ 图5-233　悬浮效果

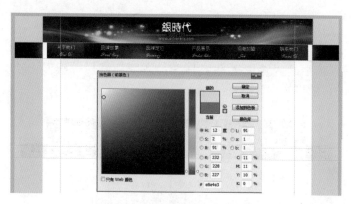

▶▶ 图5-234　绘制矩形子导航栏

▶▶ 图5-235　输入子导航文本

Step⑪　激活工具箱中的"文字工具"，设置字体为方正细倩简体，字号为14点，颜色为 #A1F9F8，在广告条位置输入"登录/注册"，效果如图5-236所示。

Step⑫　双击登录/注册图层，打开"图层样式"对话框，勾选"投影"复选框，设置颜色为黑色，不透明度为45%， 角度为90%，距离为2像素，大小为1像素，单击"确定"按钮，如图5-237所示。

▶▶ 图5-236　输入文本　　　　　　　　　　▶▶ 图5-237　设置"投影"样式

3．制作页中部分

Step01　激活工具箱中的"矩形选框工具"，在新建图层上绘制一个矩形，填充颜色#E8E4E3，效果如图5-238所示。

▶▶ 图5-238　绘制矩形1

Step02　激活工具箱中的"矩形选框工具"，在新建图层上绘制一个矩形，填充颜色#473C40，效果如图5-239所示。

▶▶ 图5-239　绘制矩形2

Step 03 执行"滤镜"→"杂色"→"添加杂色"命令，打开"添加杂色"对话框，勾选"单色"复选框，数量设置为2.45%，选中"高斯分布"单选按钮，如图5-240所示。

▶▶ 图5-240 滤镜效果

Step 04 将素材（s-1）复制至文件中，在"图层"面板中，在该图层上右击，在弹出的快捷菜单中执行"转换为智能对象"命令，调节位置、大小，效果如图5-241所示。

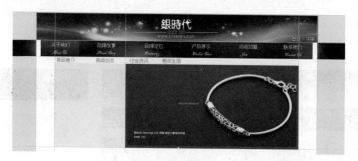

▶▶ 图5-241 复制素材（s-1）

Step 05 依次采用同样的方法放置素材（s-2、s-3、s-4），效果如图5-242～图5-244所示。

▶▶ 图5-242 复制素材（s-2）

▶▶ 图5-243 复制素材（s-3）

▶▶ 图5-244 复制素材（s-4）

Step 06 激活工具箱中的"矩形选框工具"，在新建图层上绘制一个矩形，填充颜色 #8F8A86，将矩形图层的不透明度调整为48%，如图5-245所示。

▶▶图5-245　绘制矩形并调整不透明度

Step 07 激活工具箱中的"直线工具"，在其属性栏中单击"填充像素"按钮。新建图层，在矩形下绘制一个1像素，颜色为#8F8A86的直线，效果如图5-246所示。

Step 08 激活工具箱中的"橡皮擦工具"，直径设置为200，流量设置为43%，单击直线的右端3次，形成如图5-247所示的渐变效果。

Step 09 将直线移至灰色矩形的下方，形成阴影效果，如图5-248所示。

 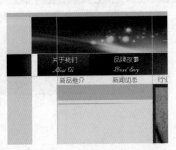 

▶▶图5-246　绘制直线　　　▶▶图5-247　创建渐变效果　　　▶▶图5-248　阴影效果

Step 10 激活工具箱中的"文字工具"，设置字体为方正细倩简体，字号为24点，颜色为 #8F8A86，输入"新品推介"，效果如图5-249所示。

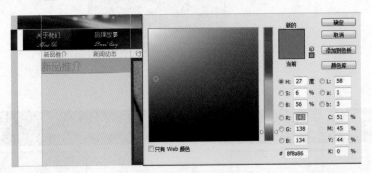

▶▶图5-249　输入文本

Step 11 激活工具箱中的"文字工具"，设置字体为方正细倩简体，字号为11点，颜色为 #6B6565，输入"前缘系列　Front Marriage"，效果如图5-250所示。

▶▶ 图5-250 输入文本

Step⑫ 激活工具箱中的"文字工具",设置字体为方正细倩简体,字号为12点,颜色为 #6B6565,输入其他文本,效果如图5-251所示。

▶▶ 图5-251 输入其他文本

Step⑬ 激活工具箱中的"矩形选框工具",在新建图层上绘制一个矩形,填充颜色 #ECECEC,效果如图5-252所示。

▶▶ 图5-252 绘制矩形

Step⑭ 新建图层,将素材(s-4)经过裁剪后复制至图层中,调节其大小及位置,效果如 图5-253所示。

Step⑮　激活工具箱中的"画笔工具"，设置画笔直径为100，流量为9%，颜色为#6A6A6A，创建新图层，在蓝色图片的右端绘制如图5-254所示的半透明灰色效果。

▶▶图5-253　复制素材（s-4）

▶▶图5-254　半透明灰色效果

Step⑯　选中半透明灰色条图层，右击，在弹出的快捷菜单中执行"创建剪贴蒙版"命令，效果如图5-255所示。

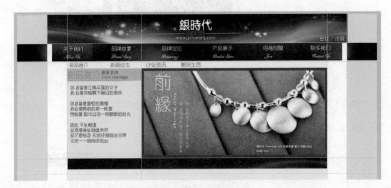

▶▶图5-255　剪贴蒙版效果

Step⑰　激活工具箱中的"文字工具"，设置字体为方正细倩简体，字号为12点，颜色为#8F8A86，输入链接文本，如图5-256所示。

Step⑱　选中输入的文本"新闻动态"，设置字号为14点，颜色为白色#FFFFFF，效果如图5-257所示。

Step⑲　激活工具箱中的"直线工具"，在其属性栏中单击"填充像素"按钮，设置粗细为1像素，颜色为白色#FFFFFF，在新建图层上绘制垂直线，效果如图5-258所示。

Step⑳　激活工具箱中的"橡皮擦工具"，设置画笔样式为柔角65像素，不透明度为100%，流量为43%，将垂直线两端虚化，效果如图5-259所示。

Step㉑　复制该图层，将新图层上的垂直线移动到合适的位置，效果如图5-260所示。

▶▶ 图5-256 输入链接文本

▶▶ 图5-257 "新闻动态"的效果

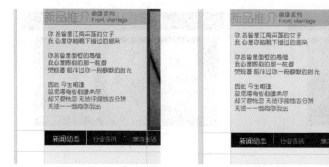

▶▶ 图5-258 绘制垂直线　　　▶▶ 图5-259 虚化垂直线两端　　　▶▶ 图5-260 局部效果

Step22 激活工具箱中的"矩形选框工具"，绘制一个矩形，填充颜色#0B0906，效果如图5-261所示。

▶▶ 图5-261 绘制矩形

Step23 激活工具箱中的"画笔工具"，设置流量为9%，颜色分别为#A1F98、#F1FB22，在新建图层上随意绘制出半透明笔触，效果如图5-262所示。

Step24 在"图层"面板中选中半透明笔触图层，右击，在弹出的快捷菜单中执行"创建剪贴蒙版"命令。然后将素材（s-5、s-6、s-7）依次复制至文件中，并将其转换为智能对象，调节大小及位置，效果如图5-263所示。

▶▶ 图5-262　半透明笔触效果

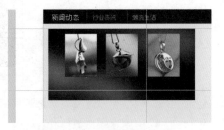

▶▶ 图5-263　复制素材（s-5、s-6、s-7）

Step25 激活工具箱中的"椭圆选框工具"，按住【Shift】键，绘制一个圆点，填充颜色#FFFFFF。复制白色圆点所在图层，然后移动圆点到合适位置，效果如图5-264所示。

Step26 依次选中第1个、第3个和第4个圆点图层，将图层不透明度设置为70%，效果如图5-265所示。

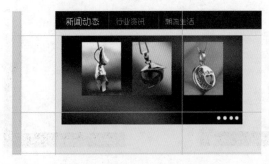

▶▶ 图5-264　绘制圆点

▶▶ 图5-265　设置不透明度

Step27 激活工具箱中"文字工具"，设置字体为方正细倩简体，字号为12点，颜色为#FFFFFF，输入"图注"；设置颜色为#8F8A86，输入正文文本；设置颜色为#FA9748，输入"MORE"，效果如图5-266所示。

▶▶ 图5-266　输入文本

4．制作页尾部分

Step01 激活工具箱中的"矩形选框工具"，新建图层，绘制一个矩形，填充颜色

#103278，效果如图5-267所示。然后在"图层"面板中将不透明度设置为39%。

▶▶ 图5-267 绘制矩形并调整不透明度

Step02 激活工具箱中的"矩形选框工具"，在新建图层中绘制矩形，填充颜色#000000，效果如图5-268所示。

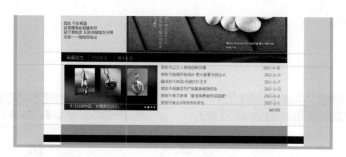

▶▶ 图5-268 绘制矩形

Step03 新建图层，打开页头中的素材（图5-215），剪切并复制至页尾，并将右半部分做虚化处理，效果如图5-269所示。

Step04 激活工具箱中的"文字工具"，设置字体为方正细倩简体，字号为14点，颜色为#000000，输入"全国加盟热线：400-0000-00"。设置字号为12点，颜色为白色#FFFFFF，输入广告语"银时代——一种生活态度"，效果如图5-270所示。

▶▶ 图5-269 复制素材

▶▶ 图5-270 输入广告语

5.2.2 银时代——"品牌故事"页

Step01 将"银时代"首页保留页头和页脚，去掉页中部分，保存为源文件备用。将导航

栏上的鼠标悬浮效果移动到"品牌故事"下方，效果如图5-271所示。

Step02 激活工具箱中的"矩形选框工具"，在新建图层上绘制矩形并填充颜色#F5F3F3，如图5-272所示。

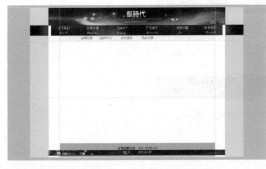

▶▶图5-271　鼠标悬浮效果

▶▶图5-272　绘制矩形1

Step03 根据设计要求，按住鼠标左键从标尺中拖曳出辅助线，效果如图5-273所示。

Step04 激活工具箱中的"矩形选框工具"，新建图层并绘制矩形，然后填充颜色#372C30，如图5-274所示。

▶▶图5-273　设置辅助线

▶▶图5-274　绘制矩形2

Step05 执行"滤镜"→"杂色"→"添加杂色"命令，打开"添加杂色"对话框，勾选"单色"复选框，选中"高斯模糊"单选按钮，设置数量为2%，单击"确定"按钮，如图5-275所示。

Step06 激活工具箱中的"矩形选框工具"，新建图层并绘制一个矩形，设置颜色为#C4C1BF，如图5-276所示。

▶▶图5-275　滤镜效果

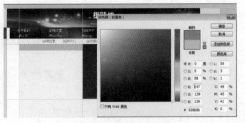

▶▶图5-276　绘制矩形

Step07 激活工具箱中的"直线工具"，前景色设置为#938B8B，绘制一条直线作为矩

网页美工——网页创意设计与解析

形的阴影，如图5-277所示。（在绘制矩形和线条时一定要根据版面的实际效果决定宽度）

Step 08 激活工具箱中的"橡皮擦工具"，选择柔角200像素笔形，设置流量为43%，在直线的两端单击3次，将直线两端虚化，如图5-278所示。

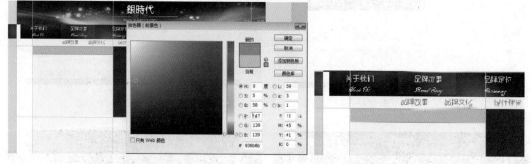

▶▶ 图5-277 绘制直线 ▶▶ 图5-278 虚化直线两端

Step 09 激活工具箱中的"文字工具"，设置字体为方正细倩简体，字号为24点，颜色为#8F8A86，输入"品牌故事"；设置正文字体为宋体，字号为14点，颜色为#6B6565，输入段落文字，效果如图5-279所示。

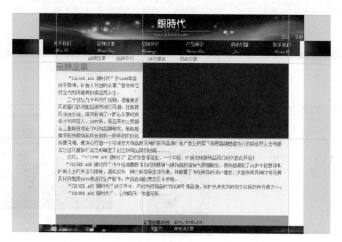

▶▶ 图5-279 输入文本

Step 10 依次将不同素材（s-1～s-4）复制至具体位置，并将图层转换为智能对象，调整大小、位置，效果如图5-280～图5-283所示。

Step 11 激活工具箱中的"矩形选框工具"，在新建图层上按住【Shift】键绘制一个正方形，然后填充白色#FFFFFF。双击白色正方形图层，打开"图层样式"对话框，勾选"投影"复选框，设置混合模式为正片叠底，颜色为黑色#000000，不透明度为75%，角度为130度，距离为3像素，扩展为0%，大小为3像素，如图5-284所示。单击"确定"按钮，给白色正方形添加一个阴影。

Step 12 复制白色正方形色块4次，将4个白色正方形做水平排列。激活工具箱中的"文字工具"，设置字体为宋体，字号为14点，颜色为#6B6565，输入"1 2 3 4"，效果如图5-285所示。

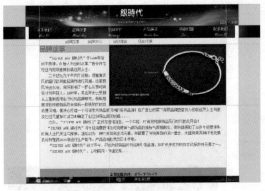

▶▶ 图5-280　复制素材（s-7）

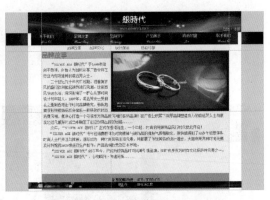

▶▶ 图5-281　复制素材（s-2）

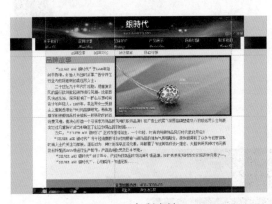

▶▶ 图5-282　复制素材（s-3）

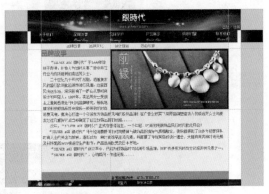

▶▶ 图5-283　复制素材（s-4）

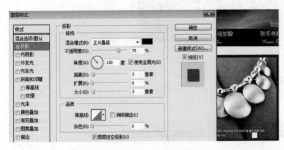

▶▶ 图5-284　设置"投影"样式

▶▶ 图5-285　输入文本

5.2.3　银时代——"产品展示"页

根据树形目录的结构安排（图5-286）制作各链接页。在此不再一一对每个链接页做详尽说明，只对"产品展示"页进行简单制作。

Step01　打开"银时代"源文件，将鼠标悬浮效果移动到"产品展示"上。激活工具箱中的"矩形选框工具"，在页中左侧绘制一个矩形。设置前景色为#E1DAD8并填充颜色，效果如图5-287所示。

Step02　激活工具箱中的"文字工具"，设置颜色为#2D2626，连续输入连接短线，制作一条分隔线，效果如图5-288所示。

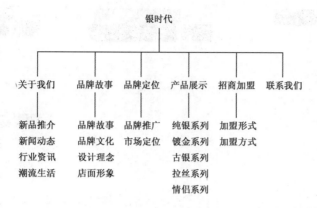

▶▶ 图5-286 树形目录结构

▶▶ 图5-287 绘制矩形

▶▶ 图5-288 绘制分隔线

Step03 复制分隔线图层，根据导航设计方案，使用分隔线将竖导航栏均匀分割，效果如图5-289所示。

Step04 激活工具箱中的"文字工具"，设置字体为方正细倩简体，字号为14点。如图5-290所示，在分隔好的竖导航栏上，根据产品展示导航设计输入文字，并按照等级安排导航文字的位置和颜色。其中，竖导航条中的一级导航文字和二级导航文字使用的字体颜色是#2D2626，三级导航文字使用的字体颜色是#5C4D52。

Step05 如图5-291所示，在文字图层和分割线图层之间新建图层，激活工具箱中的"矩形选框工具"，绘制一个矩形，填充颜色#907A73。

Step06 复制矩形色块所在图层，将色块移动到一级导航文字的位置上，使一级导航更加醒目，效果如图5-292所示。

Step07 继续为版面添加辅助线，激活工具箱中的"矩形框选工具"，绘制一个矩形，填充颜色设置为#E1DAD8，效果如图5-293所示。

Step08 激活工具箱中的"文字工具"，设置字体为方正细倩简体，字号为11点，颜色为#CBC7C8，输入导航文本，效果如图5-294所示。

Step09 激活工具箱中的"矩形选框工具"，绘制一个矩形，填充黑色#000000，效果如

图5-295所示。

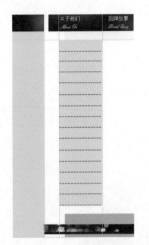

▶▶ 图5-291　绘制矩形

▶▶ 图5-289　复制分隔线　　　　▶▶ 图5-290　输入导航文字　　　　▶▶ 图5-292　复制矩形色块

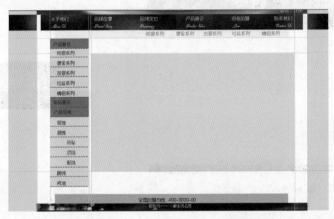

▶▶ 图5-293　添加辅助线并绘制矩形

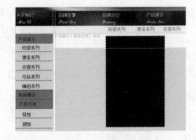

▶▶ 图5-294　输入导航文本　　　　　　　　▶▶ 图5-295　绘制黑色矩形

Step⑩　执行"滤镜"→"杂色"→"添加杂色"命令，打开"添加杂色"对话框，勾选"单色"复选框，选中"高斯分布"单选按钮，数量设置为1%，单击"确定"按钮，如图5-296所示。

Step⑪　保持框选状态，新建图层，激活工具箱中的"画笔工具"，选择柔角45像素笔形，流量设置为9%，颜色分别设置为#2AC2CA和#FFA665，随意绘制几点笔触，效果如图5-297所示。

Step 12 将素材复制至文件中并将该图层转换为智能对象，调整图片的大小位置，效果如图5-298所示。

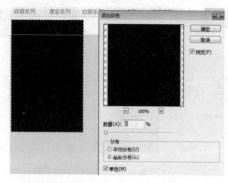

▶▶ 图5-296 滤镜效果

▶▶ 图5-297 笔触效果

▶▶ 图5-298 复制素材

Step 13 激活工具箱中的"文字工具"，在图片上输入文本，将"天使之恋"设置为方正细倩简体，字号为18点，颜色为#534647；将"ANGEL'S LOVE SONG"设置为Arial，字号为10，颜色为#534647，效果如图5-299所示。

Step 14 双击文字图层，打开"图层样式"对话框，勾选"投影"复选框，参数设置如图5-300所示。

Step 15 激活工具箱中的"文字工具"，设置字体为方正细倩简体，字号为11点，颜色为白色#FFFFFF，在图片下方输入文字，如图5-301所示。

▶▶ 图5-299 在图片上输入文字

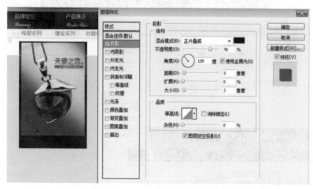

▶▶ 图5-300 设置"投影"参数

▶▶ 图5-301 在图片下方输入文字

Step 16 激活工具箱中的"文字工具"，输入如图5-302所示的文字。其中，设置第一行"天使之恋"字体为方正细倩简体，字号为24点，颜色为#514545。设置第二行"ANGEL'S LOVE SONG"字体为方正细倩简体，字号为11点，颜色为#FFFFFF。余下部分文字字体为方正细倩简体，字号为12点，颜色为#514545。

Step 17 在"图层"面板上新建图层，并拖曳到"天使之恋"图层的下方。激活工具箱中的"矩形选框工具"，在白色文本上绘制矩形，填充颜色#514545，效果如

图5-303所示。

Step 18 在"图层"面板上选中矩形图层和"天使之恋"图层,如图5-304所示,上移,调整位置。

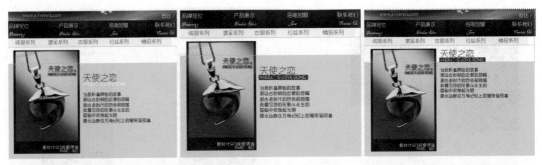

▶▶ 图5-302 输入文本　　　　　▶▶ 图5-303 绘制矩形　　　　　▶▶ 图5-304 调整图层位置

Step 19 激活工具箱中的"矩形选框工具",绘制矩形并填充颜色#000000,效果如图5-305所示。

Step 20 新建图层,激活工具箱中的"画笔工具",选择柔角100像素笔形,流量设置为9%,分别设置前景色为#2AC2CA、#FFA665、#FFFFFF,随意绘制一点笔触,然后将图层执行"创建剪贴蒙版"命令,效果如图5-306所示。

▶▶ 图5-305 在图片下方绘制矩形　　　　　　　　▶▶ 图5-306 笔触效果

Step 21 将展示的产品素材(s-5~s-9)依次复制并转换为智能对象,调整大小及位置,效果如图5-307所示。

▶▶ 图5-307 复制素材

5.2.4 页面分割——切片

在切片环节中，为了以后更好地编辑页面，通常希望切片越精细越好。对于切片的手法，可以根据自己的习惯来分析并分割画面。

Step 01 在Photoshop软件中打开保存好的"银时代"首页文件。激活工具箱中的"切片工具"，在页头灰色位置绘制选区，如图5-308所示。Photoshop将其命名为切片01，编号标签呈蓝色，并自动生成切片02、03，标签呈灰色。切片01是一个灰色填充区域，可以在以后的Dreamweaver中删除，将背景色填充成同一颜色。

▶▶ 图5-308 切片01

Step 02 使用"切片工具"在页头的Banner位置绘制选区，Photoshop将其命名为切片02，标签呈蓝色，并自动生成切片03、04，标签呈灰色，如图5-309所示。如果Photoshop命名的编号没有按顺序排列是因为在切片时和上一个切片有出入，中间留有图片，Photoshop自动将这一部分按顺序排列。

▶▶ 图5-309 切片02

Step 03 使用"切片工具"在页头的右侧灰色块绘制选区，Photoshop将其命名为切片03，标签呈蓝色，并自动生成切片04，标签呈灰色，如图5-310所示。

▶▶ 图5-310 切片03

Step 04 使用"切片工具"在导航区域绘制选区，Photoshop将其命名为切片04，标签呈蓝色，并自动生成切片05，标签呈灰色，如图5-311所示。

Step 05 页中部分根据各人习惯分成上下两部分。使用"切片工具"在页中的上部分左侧的灰色块上绘制选区，如图5-312所示。Photoshop将其命名为切片05，标签呈蓝色，并自动生成切片06、07，标签呈灰色。

Step06 使用"切片工具"在页中的上部分左侧的白色块上绘制选区,如图5-313所示,Photoshop将其命名为切片06,标签呈蓝色,并自动生成切片07、08,标签呈灰色。

▶▶ 图5-311　切片04

▶▶ 图5-312　切片05

▶▶ 图5-313　切片06

Step07 用同样的方法将页面依次切片,效果如图5-314所示。

Step08 执行"文件"→"存储为Web和设备所用格式"命令,在其工作区中,可以对切好的图片进行优化设置。激活工具箱中的"切片选取工具",单击切片01,显示被黄色线框选中,在"预设"面板选择格式为JPEG低,如图5-315所示。切片颜色如果少于256色,可以使用GIF格式;如果切片颜色变化很多,则只能采用JPEG格式。

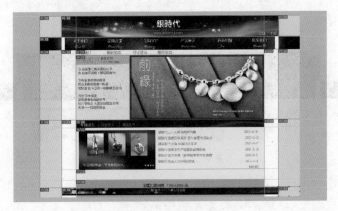

▶▶ 图5-314　切片效果

Step09 使用"切片选取工具"选中切片02,如图5-316所示,将格式设置为JPEG高。在这里可以根据需要分别设置各图片的优化格式。

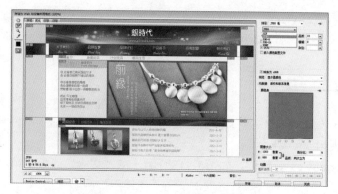

▶▶ 图5-315 设置切片01的格式

▶▶ 图5-316 设置切片02的格式

Step 10 激活工具箱中的"切片选取工具",双击01切片,如图5-317所示,在"切片选项"对话框中可以更改切片名称,在这里更改名称为gywm_01,单击"确定"按钮。后面的切片可以依次更改名称。如果没有更改,切片默认数字名称。可以在"存储为Web和设备所用格式"时更改名称。

▶▶ 图5-317 更改切片名称

Step 11 将切片分别设定好预设模式,单击"存储"按钮,将文件命名为gywm,并选择保存类型为HTML和图像,将文件保存到预先设定的文件夹silverera中。

Step 12 打开文件夹silverera，可以看到images文件夹（存储的是制作完成的切片）中有一个文件是网页文件gywm。

5.2.5 制作页面

首先在根目录下建立一个站点文件夹，命名为silverera，复制储存切片的文件夹images，粘贴到站点文件夹silverera下。

Step 01 打开Dreamweaver软件，如图5-318所示，在"文件"面板上单击"管理站点"按钮，打开"管理站点"对话框，单击"新建"按钮。

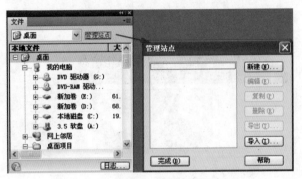

▶▶ 图5-318 打开软件

Step 02 如图5-319所示，选择"基本"选项卡，将站点命名为silverera，单击"下一步"按钮，采用默认选项，将文件储存到F:\silverera\下。这个文件夹是准备好的站点文件夹。下面采用默认选项，如图5-320所示，单击"完成"按钮。

Step 03 如图5-321所示，单击"完成"按钮后如图5-322所示，选择"创建新项目"→"HTML"选项，建立一个新文档。

▶▶ 图5-319 站点命名　　　　　▶▶ 图5-320 默认选项　　　　▶▶ 图5-321 "管理站点"对话框

Step 04 执行"文件"→"保存"命令，如图5-323所示，将文件命名为gywm，并保存在站点文件夹下。在Dreamweaver中，站点下的文件命名不要采用中文字符。

Step 05 执行"修改"→"页面属性"命令，打开"页面属性"对话框，在"分类"列表框中选择"标题/编码"选项，将标题设置为"关于我们"，如图5-324所示。

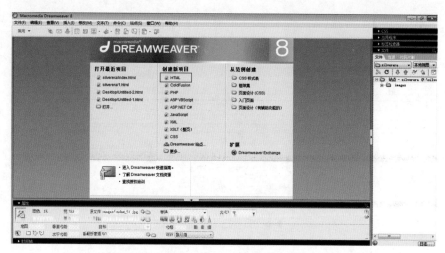

▶▶ 图5-322 建立文档

▶▶ 图5-323 保存文档

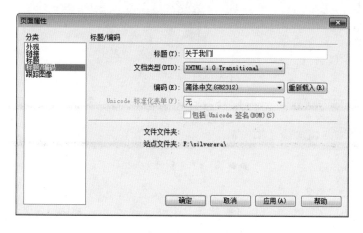

▶▶ 图5-324 设置标题

Step 06 单击"常用"工具栏中的"表格"按钮,设置表格行数为5,列数为1,表格宽度为1003像素，边框粗细为0，单元格边距为0，单元格间距为0，如图5-325所示。

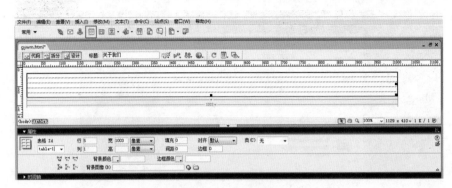

▶▶ 图5-325　设置表格

Step 07　选中整个表格，在"属性"面板上设置表格名称为table-1，对齐方式为居中对
齐，如图5-326所示。

▶▶ 图5-326　设置属性

Step 08　将光标置于table-1表格的第一行单元格内，在"属性"面板的单元格部分单击
"拆分单元格为行或列"按钮，打开"拆分单元格"对话框，如图5-327所示，选
中"列"单选按钮，列数设置为3。

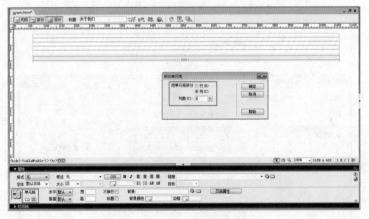

▶▶ 图5-327　拆分单元格

Step 09　在右侧的"文件"面板上打开站点文件夹下的images文件夹，选中图像
gywm_01，拖曳到table-1表格第一行的第一个单元格内，如图5-328所示。选中
图像，可以看到"属性"面板上的图像宽和高是86像素和79像素。单击单元格，
在"属性"面板的单元格部分设置宽、高为插入图像的大小。单元格和图像
gywm_01尺寸吻合，效果如图5-329所示。

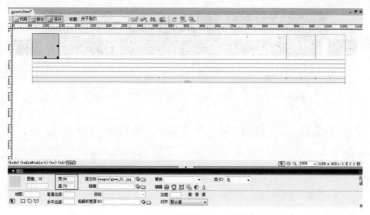

▶▶ 图5-328 将图像gywm_01拖曳到单元格内

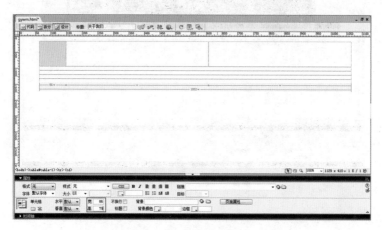

▶▶ 图5-329 单元格和图像尺寸吻合效果

Step⑩ 同样方法，将"文件"面板上的图像gywm_02拖曳到table-1表格第一行的第二个单元格内，效果如图5-330所示。

▶▶ 图5-330 将图像gywm_01拖曳到单元格内的效果

Step⑪ 用此方法，将其他对象拖曳到单元格内，效果如图5-331所示。

网页美工——网页创意设计与解析

▶▶ 图5-331　将其他对象拖曳到单元格内的效果

Step 12 将光标置于table-1表格的第三行单元格内，单击"常用"工具栏中的"表格"按钮，在第三行单元格内套入一个表格。设置行数为1，列数为5，表格宽度为1003像素，边框粗细、单元格边距、单元格边距都设置为0，然后在"属性"面板上设置表格名称为table-2，如图5-332所示。

▶▶ 图5-332　设置表格

Step 13 将"文件"面板上的图像gywm_05拖曳到table-2表格的第一个单元格内，并设置宽、高为插入图像的大小，效果如图5-333所示。

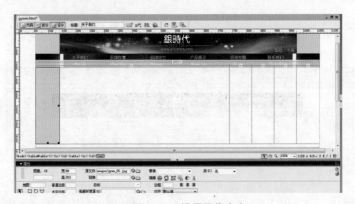

▶▶ 图5-333　设置图像大小

Step 14 依次将"文件"面板上的图像gywm_06～gywm_09拖曳到table-2表格的单元格内，效果如图5-334所示。

Step 15 将光标置于table-2表格第三个单元格内，在"属性"面板上单击"拆分单元格为行或列"按钮，打开"拆分单元格"对话框，选中"行"单选按钮，设置行数为2行，单击"确定"按钮，将原单元格拆分成上下两个单元格，然后同样的方法将

"文件"面板上的图像gywm_10拖曳到新单元格内,效果如图5-335所示。

▶▶ 图5-334 设置图像大小

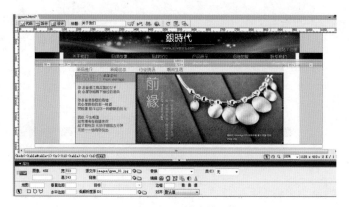

▶▶ 图5-335 拆分单元格

Step⑯ 将光标置于table-1表格的第四行单元格内,单击"常用"工具栏中的"表格"按钮,打开"表格"对话框,设置表格行数为1,列数为5,如图5-336所示。在"属性"面板上设置名称为table-3,效果如图5-337所示。

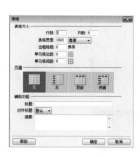

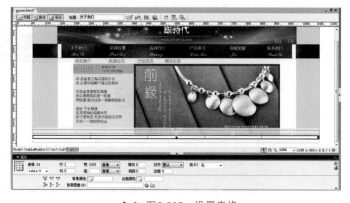

▶▶ 图5-336 "表格"对话框   ▶▶ 图5-337 设置表格

Step⑰ 将"文件"面板上的图像gywm_11～gywm_15拖曳到table-3表格的第1～5个单元格内,在"属性"面板上依次观察图像的宽、高数值,依次在单元格内单击,设置单元格数值，效果如图5-338所示。

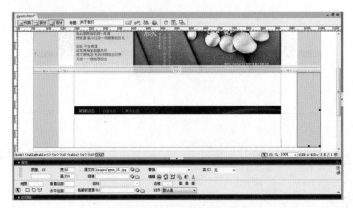

▶▶ 图5-338　设置单元格

Step⑱　将光标置于table-3表格的第三个单元格内，单击"属性"面板中的"拆分单元格为行或列"按钮，打开"拆分单元格"对话框，选中"行"单选按钮，行数设置为4，将单元格拆分，如图5-339所示。

▶▶ 图5-339　拆分单元格

Step⑲　将"文件"面板上的图像gywm_16拖曳到拆分的第二个单元格内，在"属性"面板上可以看到图像的宽和高为723像素和156像素。单击单元格，在打开的"属性"面板上设置单元格的高度和宽度为图像大小，效果如图5-340所示。

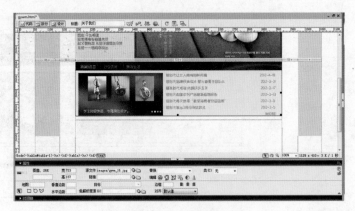

▶▶ 图5-340　设置单元格

Step⑳　同样方法，依次将"文件"面板上的图像gywm_17、gywm_18拖曳到拆分的第三个、第四个单元格内，效果如图5-341所示。

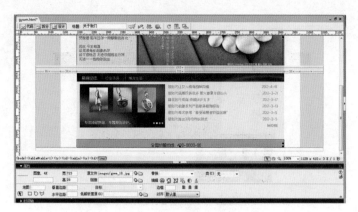

▶▶ 图5-341 将图像拖曳到单元格内

Step 21 将光标置于table-1表格的最后一行单元格内，单击"属性"面板中的"拆分单元格为行或列"按钮，打开"拆分单元格"对话框，选中"列"单选按钮，设置列数为3，将最后一行单元格分割成3列，如图5-342所示。

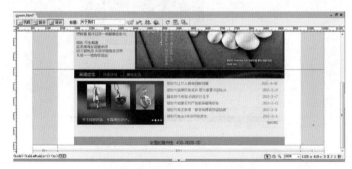

▶▶ 图5-342 拆分单元格效果

Step 22 同样方法，依次将"文件"面板上的图像gywm_19～gywm_21拖曳到拆分的3个单元格内，效果如图5-343所示。

▶▶ 图5-343 拖曳图像到单元格内

Step 23 单击"预览"按钮，主页效果如图5-344所示。

Step 24 使用同样的方法给"银时代——品牌故事"、"银时代——产品展示"切片，如图5-345、图5-346所示。然后存储为Web和设备所用格式。

▶▶图5-344 主页效果

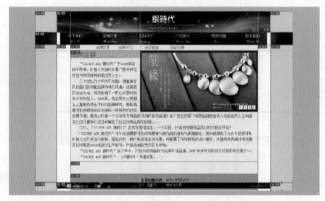

▶▶图5-345 "银时代——品牌故事"切片

▶▶图5-346 "银时代——产品展示"切片

5.2.6 优化和链接

Step01 在Dreamweaver中打开"银时代"的gywm网页，如图5-347所示，选中图像gywm_01，按【Delete】键，将单元格内的图像删除，效果如图5-348所示。

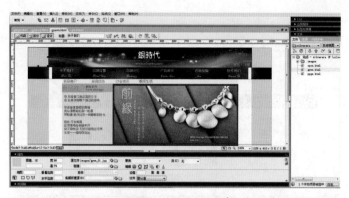

▶▶ 图5-347　gywm网页

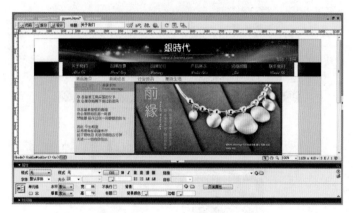

▶▶ 图5-348　删除图像gywm_01

Step 02　将光标置于单元格内，如图5-349所示，在"属性"面板中单击背景颜色，用"吸管工具"选择图像gywm_05的颜色，单元格的背景色改变成原图像颜色。在网页中，单色块的图像都可以用这样的方法来处理，能使页面更好地被优化。

▶▶ 图5-349　选择图像颜色

Step 03　选中图像gywm_02，按【Delete】键，将准备好的放置在站点文件夹下的Flash文件SE-Banner. swf文件拖到曳单元格内，如图5-350所示，并在"属性"面板中勾选"循环"和"自动播放"复选框，在预览效果里可以看到如图5-351所示的

195

Banner的动画效果。

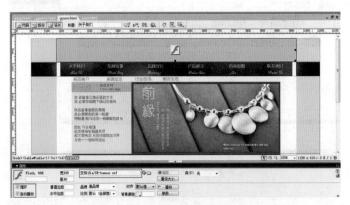

▶▶ 图5-350　拖曳文件到单元格内

▶▶ 图5-351　动画效果

Step04　使用与步骤一同样的方法处理图像gywm_03等单色图片。页脚部分图像gywm_18
也可以删除，直接输入文字。

Step05　在"属性"面板中单击"矩形热点工具"，在导航栏的"关于我们"位置上绘制
矩形热区，如图5-352所示，在"属性"面板中按住指向文件图标，拖曳到"文
件"面板上的网页文件gywm. html上，效果如图5-353所示。

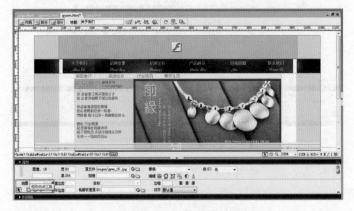

▶▶ 图5-352　绘制矩形热区

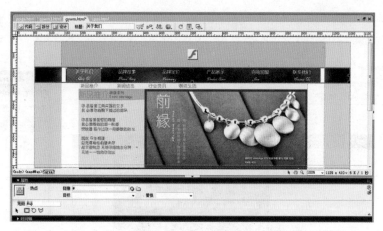

▶▶ 图5-353 效果图

Step 06 如图5-354所示，在"目标"下拉列表框中选择"_self"选项。如图5-355所示，给"关于我们"添加一个网页链接。

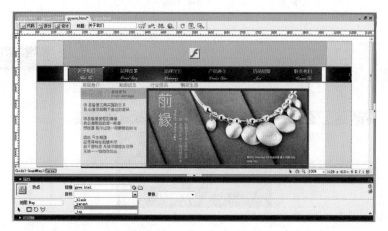

▶▶ 图5-354 选择目标

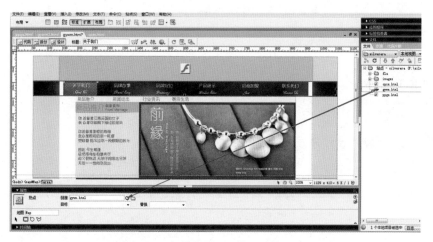

▶▶ 图5-355 添加网页链接（gywm.html）

网页美工——网页创意设计与解析

Step07 分别打开网页ppgs.html、cpzs.html，用同样的方法给网页优化和添加链接，如图5-356、图5-357所示。还有更多的网页效果可以通过CSS样式来实现。

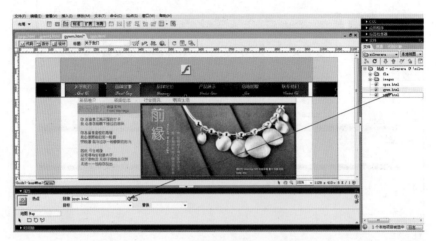

▶▶ 图5-356　添加网页链接（ppgs.html）

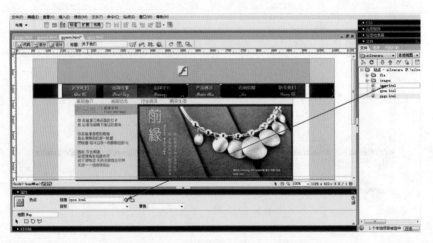

▶▶ 图5-357　添加网页链接（cpzs.html）

根据前期的规划，设计并完成自己的主页与3个链接页。